essentials

essentials liefern aktuelles Wissen in konzentrierter Form. Die Essenz dessen, worauf es als „State-of-the-Art" in der gegenwärtigen Fachdiskussion oder in der Praxis ankommt. *essentials* informieren schnell, unkompliziert und verständlich

- als Einführung in ein aktuelles Thema aus Ihrem Fachgebiet
- als Einstieg in ein für Sie noch unbekanntes Themenfeld
- als Einblick, um zum Thema mitreden zu können

Die Bücher in elektronischer und gedruckter Form bringen das Fachwissen von Springerautor*innen kompakt zur Darstellung. Sie sind besonders für die Nutzung als eBook auf Tablet-PCs, eBook-Readern und Smartphones geeignet. *essentials* sind Wissensbausteine aus den Wirtschafts-, Sozial- und Geisteswissenschaften, aus Technik und Naturwissenschaften sowie aus Medizin, Psychologie und Gesundheitsberufen. Von renommierten Autor*innen aller Springer-Verlagsmarken.

Werner Engeln

Modellbasierte Produktentwicklung

Kundenbedürfnisse verstehen und tradierte Denkstile überwinden

Werner Engeln
Fakultät für Technik
Institute for Human Engineering &
Empathic Design (HEED),
Hochschule Pforzheim
Pforzheim, Deutschland

ISSN 2197-6708 ISSN 2197-6716 (electronic)
essentials
ISBN 978-3-658-38534-7 ISBN 978-3-658-38535-4 (eBook)
https://doi.org/10.1007/978-3-658-38535-4

Die Deutsche Nationalbibliothek verzeichnet diese Publikation in der Deutschen Nationalbibliografie; detaillierte bibliografische Daten sind im Internet über http://dnb.d-nb.de abrufbar.

Planung/Lektorat: Dr. Axel Garbers
Springer Vieweg ist ein Imprint der eingetragenen Gesellschaft Springer Fachmedien Wiesbaden GmbH und ist ein Teil von Springer Nature.
Die Anschrift der Gesellschaft ist: Abraham-Lincoln-Str. 46, 65189 Wiesbaden, Germany

Was Sie in diesem *essential* finden können

- Die Beschreibung wichtiger Wege von Kundenanforderung in eine Produktentwicklungsorganisation
- Erläuterung des Problems der Objektivität bei der Ermittlung von Kundenanforderungen
- Eine Darstellung des Einflusses von Denkstilen und Denkkollektiven in der Entwicklungsorganisation auf die Produktentwicklung
- Ableitung eines Ansatzes zur Nutzung von physischen Modellen, um Kundenanforderungen objektiver in Produkte umzusetzen
- Ein zu diesem Ansatz passendes Prozessmodell zur Produktentwicklung

„Der einzige Mensch, der sich vernünftig benimmt, ist mein Schneider. Er nimmt jedes Mal neu Maß, wenn er mich trifft, während alle anderen immer die alten Maßstäbe anlegen in der Meinung, sie passten auch heute noch.“
Georg Bernard Shaw

Inhaltsverzeichnis

Zusammenfassung

Ausgangspunkt der Entwicklung technischer Produkte sind in den meisten Fällen die Anforderungen der Kunden:innen. Man geht davon aus, dass wenn diese Anforderungen erfüllt werden, das Produkt auch erfolgreich im Markt sein wird. Das ist aber nicht zwangsläufig der Fall. Im Schnitt scheitern 75% der Produktneueinführungen, wie eigene Erfahrungen aber auch viele Quellen, beispielsweise (Amer-land 2014, Tacke 2014), zeigen.

Was können die Ursachen dafür sein? Bei der Suche nach den Ursachen werden bisher zwei Aspekte nur selten betrachtet: Wie objektiv können Anforderungen erfasst werden und wie objektiv werden diese von der Entwicklungsorganisation umgesetzt? Für die häufig genutzten Wege von Anforderungen in eine Entwicklungsorganisation, Kunden:innen formulieren die Anforderungen selbst, Mittler (Beobachter) zwischen Kunden:innen und Entwicklungsorganisation formulieren die Anforderungen, der Beschreibung von Buyer Personas sowie Personen aus der Entwicklungsorganisation beobachten Kunden:innen und leiten daraus Anforderungen und erste Produktkonzepte ab, kann gezeigt werden, dass eine wirklich objektive Erfassung der Anforderungen nicht möglich ist. Und mit Blick hin zur Wissenschaftstheorie zeigt sich, dass eine objektive Umsetzung durch die Entwicklungsorganisation ebenfalls nicht möglich ist. Folge sind dann die Produkte, die bei den Kunden:innen keine Akzeptanz finden und am Markt ein Flop werden. Beschrieben wird hier deshalb ein modellbasierter Ansatz zur Produktentwicklung in Form eines Regelkreises, bei dem anhand von Modellen, die während des Entwicklungsprozesses erstellt werden, mit den Kunden:innen kommuniziert wird. Die Modelle besitzen mit fortschreitender Entwicklung immer mehr Attribute, die den Kunden:innen eine Wahrnehmung mit immer mehr Sinnen ermöglichen. Die in das Entwicklungshandeln eingebundenen Kunden:innen können so die in der Entstehung befindlichen Produkte mit immer mehr Sinnen wahrnehmen und den Entwickler:innen direkte Rückmeldung geben, ob damit ihre Bedürfnisse befriedigt werden oder aber nicht. So können Investitionen in die Entwicklung von Produkten vermeiden werden, die am Ende im Markt doch keine Kunden:innen finden. Die entwickelten Produkte treffen mithilfe dieses Ansatzes zielgenauer die Bedürfnisse der Kunden:innen und es steigt die Wahrscheinlichkeit, mit den Produkten am Markt erfolgreich zu sein.

An dieser Stelle soll darauf hingewiesen werden, dass es in diesem Text ***nicht*** *um modellbasierte Ansätze der Produktentwicklung wie beispielsweise Modellbasiertes Systems Engineering (MBSE), geht, mit denen Unternehmen versuchen die steigende Produktkomplexität und die zunehmenden Digitalisierung ihrer Produkte zu beherrschen. Es stellt sich die Frage, ob dieses Problem mit solchen Ansätzen wirklich gelöst werden kann.*

1 Das Ziel der Produktentwicklung

Ziel einer jeden Produktentwicklung ist es, Produkte zu entwickeln, die bestimmte Kundenbedürfnisse[1] befriedigen. Dabei kann ein Produkt immer nur spezifische Kundenbedürfnisse befriedigen[2]. Sollen vorhandene Kundenbedürfnisse befriedigt werden, dann setzt das voraus, dass die Kundenbedürfnisse der Entwicklungsorganisation auch wirklich bekannt sind und diese dann in der Lage ist, ein Produkt zu entwickeln, welches diese auch befriedigt. Trifft das nicht zu, so entsteht ein Produkt, welches nur mit geringerer Wahrscheinlichkeit die Kundenbedürfnisse trifft und somit auch kein Erfolg im Markt wird.

---

[1] Anmerkung: Kundenbedürfnisse sollen hier wertneutral betrachtet werden, da bei Kundenbedürfnissen immer die Frage mitschwingt, ob dieses tatsächlich Bedürfnisse der Kunden:innen sind oder ob diese Ergebnisse einer Manipulation von außen sind, die auf die Erzeugung eines ständigen Gefühls der Nichtbefriedigung von Bedürfnissen abzielt. Die Diskussion über letztlich durch die Befriedigung von Kundenbedürfnissen entstehende Produkte und deren Sinn aus gesellschaftlich Sicht – Einfluss auf das Klima, Nutzung von begrenzten Rohstoffen, etc. – ist eine Diskussion, die an vielen Stellen der Gesellschaft, der Politik, den Hochschule und den Unternehmen geführt werden muss. Entwickler:innen sollten sich hörbar daran beteiligen.

[2] Bedürfnisse von Kunden:innen sind sehr vielfältig. Ein Produkt kann aber nur die seiner Art entsprechenden Bedürfnisse von Kunden:innen befriedigen. Ein Elektrowerkzeug beispielsweise befriedigt gänzlich andere Bedürfnisse, als ein Lastenrad. Die Entwicklung eines Produktes zielt deshalb immer auf spezifische Kundenbedürfnisse ab. Im Laufe ihrer Entwicklungshistorie werden Produkte aber häufig so weiterentwickelt, dass sie immer mehr Bedürfnisse befriedigen und damit die Grenzen des für ihre Art typischen verschieben. Ein Beispiel dafür sind heutige Smartphones, bei denen noch der Namensteil „Phone" auf die ursprüngliche Art hinweist. Heute sind sie aber multifunktionale Geräte, die vielfältige Bedürfnisse befriedigen und ihre ursprüngliche Funktion meist nur noch nebensächlich ist. Der Begriff der Kundenbedürfnisse müsste deshalb eigentlich präziser als Ziel-Bedürfnisse gefasst werden. Zur Vereinfachung wird im Folgenden aber nur von Kundenbedürfnissen gesprochen.

W. Engeln, *Modellbasierte Produktentwicklung*, essentials,
https://doi.org/10.1007/978-3-658-38535-4_1

Damit ergibt sich eine der zentralen Fragen der Produktentwicklung: Welche Vorgehensweisen sind für die Produktentwicklung geeignet, um die Wahrscheinlichkeit zu vergrößern, ein die Kundenbedürfnisse treffendes Produkt zu entwickeln?

Diese grundlegende Frage ist mit einigen weiteren Fragen verbunden, die in diesem Zusammenhang beantwortet werden müssen:

- Können die Bedürfnisse der Kunden:innen objektiv erfasst werden?
- Sind die Kunden:innen in der Lage, mit ihren sprachlichen Möglichkeiten, ihre Bedürfnisse zu beschreiben?
- Können Bedürfnisse der Kunden:innen sprachlich richtig und eindeutig in Form von Anforderungen formuliert werden?
- Welchen Einfluss haben Mittler (Beobachter:innen) zwischen Kunden:innen und Entwicklungsorganisation auf die Formulierung der Anforderungen?
- Sind Entwickler:innen in der Lage, aus den sprachlichen Formulierungen der Anforderungen die wirklichen Bedürfnisse der Kunden zu erkennen?
- Gibt es die ideale Entwicklerin/den idealen Entwickler, die/der vollkommen unvoreingenommen die Anforderungen in ein Produkt umsetzt?
- Gibt es in einem Unternehmen die Denkfreiheit, die Anforderungen der Kunden unvoreingenommen umzusetzen?

Nicht außer Acht gelassen werden darf bei der Produktentwicklung aber, dass die meisten Produkte eine Vielzahl von weiteren Anforderungen erfüllen müssen, die sich

- aus Gesetzen und Normen,
- allgemeinen gesellschaftlichen Rahmenbedingungen und
- unternehmensinternen Vorgaben

ergeben. Diese zusätzlichen Anforderungen müssen aufgrund ihres Einflusses auf die Möglichkeit zur Erfüllung der Kundenbedürfnisse berücksichtigt werden.

2 Der ideale Entwicklungsablauf

Bei der Produktentwicklung wird heute noch häufig von einem idealen Modell Abb. 2.1 ausgegangen, um die Vorgehensweise zur Entwicklung erfolgreicher Produkte zu beschreiben.

Die Produktentwicklung beginnt nach diesem Modell bei einem vorliegenden Lastenheft, einer Anforderungsliste oder auch einer modellbasierten Beschreibung der Anforderungen. Darin sind die Bedürfnisse der Kunden, welche das Produkt erfüllen sollen, vollständig und eindeutig sprachlich und numerisch in Form von Anforderungen beschrieben. Die dokumentierten Anforderungen werden anschließend von „ideal, objektiven" Entwickler:innen in Produktmerkmale übersetzt. Dieser ideale Entwicklungsablauf ist durch zwei wichtige Bedingungen gekennzeichnet:

- Die Anforderungen an das Produkt verändern sich nicht, über der Dauer des Entwicklungsprojektes.
- Entwickler:innen werden bei der Lösungssuche nicht durch unternehmensinterne und -externe Randbedingungen eingeschränkt.

So entsteht ein alle Anforderungen erfüllendes Produkt, welches nach dem Ideal-Modell somit auch die zu befriedigenden Bedürfnisse der Kunden:innen genau trifft.

Nach diesem Handlungsmodell gibt es keine Rückkopplungsschleifen zwischen Kunden:innen und Entwickler:innen während des Entwicklungsprozesses. Die zu Beginn bekannten Anforderungen beschreiben diesem Modell folgend korrekt die Bedürfnisse der Kunden:innen und diese Anforderungen werden ohne jegliche Einschränkungen in Produktmerkmale überführt.

Leider hat dieses Ideal-Modell wenig mit der Realität der Produktentwicklung zu tun. Die beiden genannten Bedingungen werden nur ganz selten erfüllt.

W. Engeln, *Modellbasierte Produktentwicklung*, essentials,
https://doi.org/10.1007/978-3-658-38535-4_2

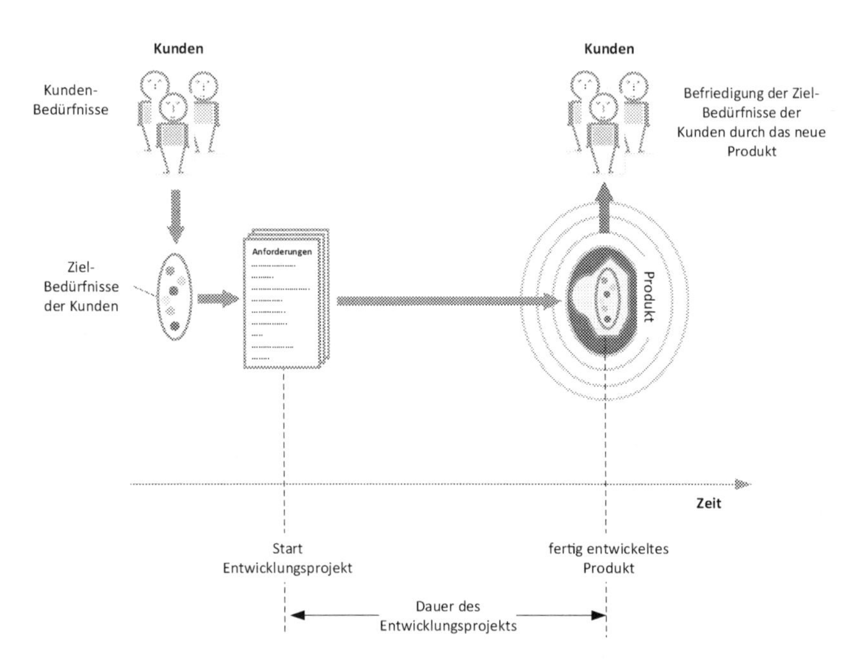

Abb. 2.1 Das Ideal-Modell der Produktentwicklung

Es wird nicht mit frühzeitigen Rückkopplungen gearbeitet, um Rückmeldung der Kunden:innen an die Entwicklungsorganisation zu geben, ob ein Produkt tatsächlich ihre Bedürfnisse befriedigt. Nach dem Ideal-Modell erfolgt dieses erst ab dem Zeitpunkt, zu dem das Produkt in den Markt kommt. Zwangsläufig führt dieses Vorgehen nicht selten zu Produkten, welche die Bedürfnisse der Kunden:innen nur zum Teil oder gar nicht treffen. Unternehmen haben aber bis dahin häufig bereits große Investitionen getätigt, um dann zu erfahren, dass die Kunden:innen das neue Produkt nicht annehmen.

3 Wege der Kundenbedürfnisse in die Produktentwicklungsorganisation

Grundlegend für die Entwicklung eines technischen Produktes ist die Klärung der Frage, welche Bedürfnisse die Kunden haben und welche davon die Kundenbedürfnisse sind, die mit dem zu entwickelnden Produkt befriedigt werden können und sollen. Diese Kundenbedürfnisse müssen den Entwickler:innen zugänglich gemacht werden!

Die hier durchgeführten Betrachtungen möchten deshalb einen Schritt zurückgehen und mit der Frage beginnen: Wie kommen die Kundenbedürfnisse eigentlich zu den Entwickler:innen in die Entwicklungsorganisation eines Unternehmens?

Am gängigsten sind folgende Vorgehensweisen Abb. 3.1:

- Übersetzung der Kundenbedürfnisse in die spezifische Sprache der Entwickler:innen und sprachlich, numerische Formulierung in Form von Anforderungen, die dann in Anforderungslisten oder Lastenheften dokumentiert werden.
- Beschreibung einer Buyer Persona oder mehrerer Buyer Personas, welche alle für die Zielgruppe des Produktes relevanten Merkmale aufweist, einschließlich einer Beschreibung ihrer Lebensumwelt.
- Direkt in das Entwicklungsprojekt involvierte Personen, die zuvor und teilweise auch noch während des Entwicklungsprojektes die Lebensumwelt der Kunden:innen, insbesondere auch den Teil, der bezüglich der späteren Produktnutzung besonders relevanten ist, persönlich erlebt haben.
- Direkte Einbeziehung von Kunden:innen in den Entwicklungsprozess.

W. Engeln, *Modellbasierte Produktentwicklung*, essentials,
https://doi.org/10.1007/978-3-658-38535-4_3

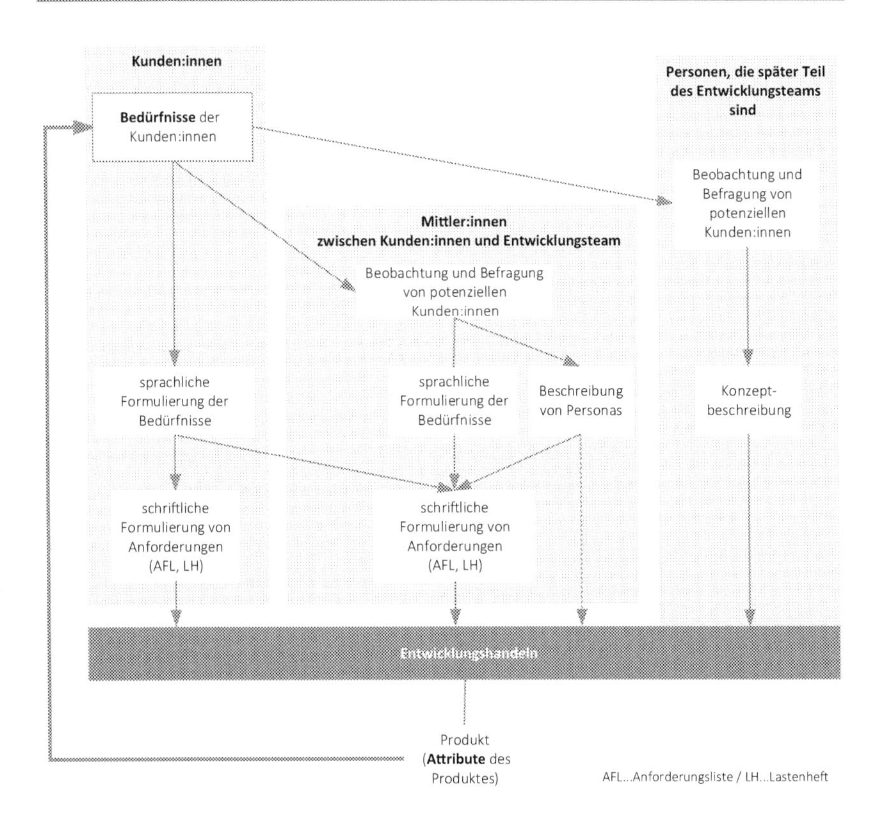

Abb. 3.1 Unterschiedliche Wege von Kundenbedürfnissen in die Produktentwicklung (AFL…Anforderungsliste, LH…Lastenheft)

Im Vorfeld muss dazu aber präzisiert werden, wer die Kunden:innen sind, deren Bedürfnisse bei der Entwicklung Berücksichtigung finden müssen. Generell lassen sich diese in Einzelpersonen, Gruppen von Personen oder Organisationen unterscheiden, die:

- die Entscheidung zum Kauf eines Produktes treffen,
- die das Produkt nutzen, um damit Tätigkeiten auszuführen,
- die an dem Produkt bestimmte Tätigkeiten durchführen müssen, um die Funktion des Produktes sicherzustellen, beispielsweise Wartungsarbeiten oder Reparaturen,

- die von den Wirkungen des Produktes beeinflusst werden,
- die sich nach Nutzungsende des Produktes um dessen Weiterverwendung, Zerlegung oder Entsorgung kümmern, aber auch
- unternehmensinterne Kunden:innen, deren Arbeit in irgendeiner Form mit dem neuen Produkt zusammenhängt.

Wer die Kunden:innen sind, deren Bedürfnisse zu berücksichtigen sind, ist abhängig von der Art des Produktes. Aber unabhängig davon, sollte nach Abschluss der Entwicklung das Produkt die Attribute[1] aufweisen, die notwendig sind, die Bedürfnisse der Kunden:innen zu befriedigen.

Unabhängig vom gewählten Weg stellt sich eine grundlegende Frage:

> Können die Bedürfnisse von Kunden:innen ohne Verfälschungen Entwickler:innen als Basis für ihre Arbeit vermittelt werden?

3.1 Sprachlich-numerische Formulierung der Zielbedürfnisse in Form von Anforderungen

Die Zugänglichkeit zu den Kundenbedürfnissen, die das Produkt befriedigen soll, erfolgt für die Produktentwicklung in vielen Unternehmen klassisch, mittels unterschiedlicher Formen der Anforderungsdokumentation. In diesen sind die Bedürfnisse in sprachlich/numerisch[2] formulierte Anforderungen übersetzt. Die Anforderungen sind somit ein Sprachmodell der Kundenbedürfnisse.

---

[1] Der Begriff der Attribute wird in der Modelltheorie von Stachowiak (Stachowiak, 1973) verwendet und soll mit Blick auf die weitere Verwendung hier eingeführt werden. Allgemein (Brockhaus online, 29.01.2022) ist der Begriff Attribut definiert als: **Attribut** [lateinisch »das Zugeteilte«, »Beigefügte«] *das, -(e)s/-e, allgemein:* charakteristische Eigenschaft, wesentliches Merkmal.

[2] Für die Entwicklung technischer Produkte ist es wichtig, Anforderungen nach Möglichkeit mit numerischen Werten zu versehen, um so deren Überprüfbarkeit zu ermöglichen, obwohl die meisten Produkte letztlich, wenn auch unbewusst, nicht nur anhand der Erfüllung numerischer Vorgaben bewertet werden.

3.1.1 Formulierung der Anforderungen durch die Kunden:innen

Der direkteste Weg der Übersetzung von Kundenbedürfnissen in Anforderungen wäre ihre direkte Formulierung durch die Kunden:innen selbst. Kunden:innen fixieren ihre Kundenbedürfnisse selbst in Form von Anforderungen, die dann von einer Entwicklungsorganisation in ein Produkt umgesetzt werden, Abb. 3.2.

Dieses ist mit einigen Fragen verbunden:

- Sind den Kunden:innen die Möglichkeiten gegeben, ihre Bedürfnisse sprachlich zu formulieren?
- Ist den formulierenden Kunden:innen die Form der notwendigen sprachlich/numerischen Beschreibung der Bedürfnisse bekannt, welche eine Entwicklungsorganisation als Basis für Ihre Arbeit benötig?
- Besitzen die formulierenden Kunden:innen die notwendige Sprachkompetenz (Sprachvermögen), um ihre Bedürfnisse in Anforderungen zu übersetzen?

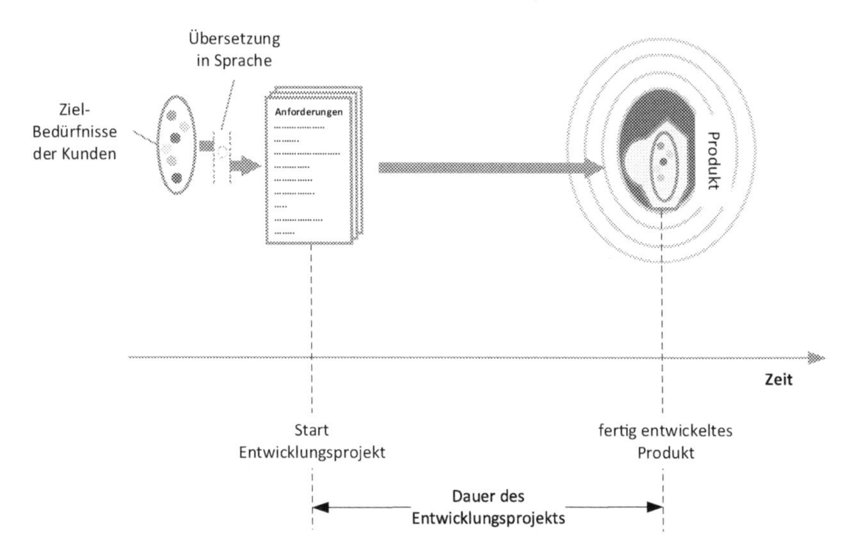

Abb. 3.2 Sprachliche Fixierung der Bedürfnisse in Form von Anforderungen durch die Kunden:innen selbst

In diesem Zusammenhang sei auf das Polany Paradox hingewiesen, (Polanyi, 1966); (Autor, 2014), das vereinfacht besagt, dass wir mehr wissen als wir sagen können und das vieles, was wir tun auf intuitivem, stillschweigendem Wissen beruht, was nur schwer sprachlich kodiert werden kann. Überspitzt formuliert findet sich das Polany Paradox in (McAfee & Brynjolfsson, 2018):

> *„Die Menschen können nicht artikulieren, was sie haben, was sie wissen, was sie wollen und was sie tun können.“*

Interessant ist in diesem Zusammenhang die Frage, ob und wie sich Kunden:innen die Befriedigung ihrer Kundenbedürfnisse vorstellen. Besteht die Vorstellung schon aus einem genauen Bild einer aus ihrer Sicht optimale Lösung, oder mehreren unterschiedlichen Bildern, mit und ohne Präferenzen? Oder ist noch keinerlei Bild einer Lösung vorhanden? Sind Bilder vorhanden, so ist es einfacher, Anforderungen zu formulieren, da diese Bilder schon eine Lösung zeigen, die es zu beschreiben gilt.

Mit Blick auf die eingangs des Kapitels formulierten Fragen ist davon auszugehen, dass in dem hier betrachteten Fall, Kunden:innen formulieren die Anforderungen selbst, diese die Bedürfnisse nur in wenigen Fällen tatsächlich wiederspiegeln.

Tab. 3.1 zeigt ein kleines Beispiel. Dort sind die Anforderungen an ein Gerät zur Reinigung von Steinfugen aufgelistet, wie sie von zwei Personen unabhängig voneinander schriftlich formuliert wurden. Beide Personen waren zum Zeitpunkt der Formulierung der Anforderungen durch eigene Erfahrungen mit der Tätigkeit vertraut. Beide Personen besaßen Vorkenntnisse bezüglich der Formulierung von Anforderungen an technische Produkte.

Das kleine Beispiel zeigt, dass die beiden Personen einerseits teilweise unterschiedlichen Anforderungen an ein zukünftiges Gerät stellen, andererseits aber auch gleiche Anforderungen sehr unterschiedlich sprachlich formulieren. Insgesamt waren an dem kleinen Experiment 14 Personen etwa gleichen Alters und gleicher Vorkenntnis beteiligt und es ergaben sich 14 recht unterschiedliche Anforderungsformulierungen.

Die Anforderungsformulierung durch die Kunden:innen kommt, selbst bei kundenspezifischen Produkten (z. B. Anlagen und Sondermaschinenbau) aber eher selten vor.

Tab. 3.1 Anforderungen an ein Gerät zum Fugenreinigen formuliert von zwei unterschiedlichen Personen, die mit der manuellen Tätigkeit des Fugenreinigens in ähnlichen Umgebungen vertraut sind

Person A	Person B
• Selbstständigkeit • Bezahlbar • Erkennt Hindernisse und Tiere(?) • Kann niemanden verletzen • Ladestation außen (Solar?) • Erkennt Wetter und Temperatur • Berechnet Pflanzenwachstum/Dreckansammlung (Nach starkem Regenguss (Währenddessen macht es z. B. keinen Sinn)) • Sammelt Fugendreck selbstständig • Entleert sich selbst (Ladestation auf Podest mit Rampe, darunter Container)	• Gutes Reinigungsergebnis • Preiswert • Angenehme Handhabung • Sicherheit des Nutzers • Keine Beschädigung des Materials (Pflastersteine etc.) • Langlebigkeit • Leicht zu reinigen • Ergonomie • Vielseitig einsetzbar (z. B. verschiedene Aufsätze für verschiedene Materialien) • Kompaktes Werkzeug/wenig Platzbedarf beim Lagern

3.1.2 Formulierung der Anforderungen durch Mittler zwischen Kunden:innen und Entwicklungsorganisation

Die Erstellung von Anforderungslisten und Lastenheften erfolgt in der überwiegenden Zahl der Fälle durch Mittler zwischen Kunden:innen und Entwicklungsorganisation. Mittler sind, je nach Unternehmen, Personen aus den Bereichen Vertrieb, Produktmanagement oder, in größeren Unternehmen häufig zu finden, auch gesonderte Organisationseinheiten.

Hieraus ergeben sich zwangsläufig Fragen zum Einfluss der Mittler (Beobachter) auf die Anforderungen an ein Produkt:

- Ist eine Person/sind Personen überhaupt in der Lage, die Bedürfnisse anderer Personen objektiv zu erkennen, zu erfassen und als Anforderungen zu formulieren?
- Wie stark beeinflussen Prägungen, Vorwissen und eigene Bilder der vermittelnden Person/Personen die Beschreibung der Anforderungen?

Die praktische Vorgehensweise in Unternehmen, Anforderungen an neue Produkte zu definieren, ist sehr unterschiedlich und geht von einer systematischen, methodenbasierten Vorgehensweise bis hin zu einer eher zufälligen Sammlung von Aussagen, die dann als Anforderungen aufgefasst werden. Gleiches gilt für die Dokumentation der Anforderungen.

Die methodischen Ansätze, gerade der Marktforschung, sollen nach Möglichkeit die Einflüsse der Mittler eliminieren. Nur wenn die Einflüsse der Mittler eliminiert werden, können objektive Anforderungen als Basis für die Entwicklung eines Produktes definiert werden.

Wenn jetzt aber, wie in vielen Unternehmen, die Anforderungsanalyse nicht methodenbasiert erfolgt, dann ist davon auszugehen, dass Anforderungen immer personenabhängig „gefärbt" sind.

Popper (Popper, 1984) formulierte in seiner „Kübeltheorie": Das menschliche Bewusstsein fungiert dabei als leerer Behälter, ein Kübel, der allmählich mit Sinnesdaten gefüllt wird. Die Kübeltheorie verwirft er sogleich aber wieder, da sie so nicht haltbar ist, da Menschen immer vorgeprägt sind und somit der Kübel schon „einen gewissen Füllstand" hat, bevor sie sich mit einer spezifischen Frage befassen.

Dieser „gewisse Füllstand" führt zu einer personenspezifischen Färbung der Anforderungen.

Aber auch selbst bei der Nutzung von Methoden der Marktforschung kann eine personenspezifische Färbung nicht ausgeschlossen werden. So bei der Methode der Beobachtung. Dabei geht es aus der Sicht der Entwicklung technischer Produkte darum, Kunden im Umgang mit bestehenden Produkten zu beobachten und daraus Anforderungen an die Weiterentwicklung vorhandener oder Entwicklung neuer Produkte abzuleiten.

Die damit verbundene Frage lautet: Ist es möglich durch die Beobachtung einer Person 1, die bestimmte Aktivitäten an oder mit einem Produkt ausführt und das Verhalten dieser Person 1 beim Umgang mit dem Produkt für eine beobachtende Person 2, objektiv auf die Bedürfnisse von Person 1 zu schließen? Nur wenn das der Fall wäre, könnte Person 2 überhaupt verlässliche Anforderungen für die Weiterentwicklung oder Neuentwicklung eines Produktes ableiten.

Mit dieser Frage ist das Thema der **Intersubjektivität**[3] verbunden. Intersubjektivität ist ein zentraler Begriff der Phänomenologie (Zahavi, 2010) und diese

[3] Intersubjektivität (von lat. inter: zwischen und Subjekt: Person, Akteur usw.) drückt aus, dass ein komplexer Sachverhalt für mehrere Betrachter gleichermaßen erkennbar und nachvollziehbar sei: (Wikipedia, 29.01.2022).

Intersubjektivität, allgemein: die weitgehende, durch gemeinsame Werte und Normen fundierte Übereinstimmung von Auffassungen, Einstellungen, Wahrnehmungen und Verhaltensweisen bei einer Mehrzahl von Individuen innerhalb einer bestimmten soziokulturellen Umwelt. In Ansätzen der phänomenologischen Soziologie wird der Begriff der Intersubjektivität auf den mitmenschlichen Verflechtungszusammenhang bezogen, der für die Alltagswelt

bietet mehrere Theorien dazu an, die sich aber teilweise widersprechen. Eine dieser Theorien ist das Analogieargument, das zwar seit seiner Veröffentlichung kritisiert wird, aber doch einleuchtend erscheint: *„... geht das Analogieargument davon aus, dass wir niemals die Gedanken und Gefühle des Anderen erfahren, sondern nur auf ihre mehr oder weniger wahrscheinliche Existenz schließen können auf Grundlage des tatsächlich Gegebenen, nämlich des körperlichen Verhaltens."* (Zahavi, 2010).

Es wäre also demnach schwer möglich, aus dem Beobachteten auf die Bedürfnisse der beobachteten Person zu schließen.

> *„D. h. dass eine Lösung des Problems des Fremdpsychischen ein rechtes Verständnis des Verhältnisses von Körper und Bewusstsein (Leib/Seele) voraussetzt."* (Zahavi, 2010)

Aber auch die Sozialwissenschaftliche Handlungstheorie befasst sich mit der Frage der Intersubjektivität.

> *„Jeder Akteur bezieht sich bei der intersubjektiven Sinnkonstitution auf den Teil des Erfahrungsvorrats, den er mit anderen teilt, der mit anderen Worten in irgendeiner Form typisch für diese sozialen Situationen ist. Dabei wird pragmatisch mit den subjektiv unterschiedlichen Erfahrungselementen umgegangen. Jedes Individuum geht davon aus, dass eine andere Person die Situation in ähnlicher Weise wie es selbst sieht. Es kommt demnach nicht darauf an, ob die Handlung eines anderen in allen Details verstanden wird."* (Etzrodt, 2003)

Hier wird der Begriff des **Erfahrungsvorrats** eingeführt. Dieser erlaubt es Personen, gleiche Situationen auch gleich zu interpretieren, was für viele Alltagssituationen auch so gilt. Für sehr spezifische Situationen, wie beispielsweise der Beobachtung von Personen an komplexen Arbeitsmaschinen, stimmt dieses aber nicht zwangsläufig, da die beobachtenden Personen meist keinen entsprechenden Erfahrungsvorrat besitzen. Es fällt diesen Personen also schwer, die Situation zu verstehen, zu interpretieren und daraus Anforderungen zu abzuleiten. Es kommt somit zu Fehlinterpretationen und damit zu falschen Anforderungen.

Trotz allen methodischen Vorgehens zur Ermittlung von Kundenbedürfnissen und ihre Übersetzung in Anforderungen für die Produktentwicklung scheint es also nicht möglich zu sein, die Kundenbedürfnisse korrekt zu erfassen, Abb. 3.3.

---

sowie für das Erleben und Handeln des Einzelnen (Ich) grundlegend ist. (Brockhaus online, 29.01.2022).

Als Kennzeichen wissenschaftlicher Intersubjektivität gilt demnach Subjektinvarianz. (Brockhaus online; 29.01.2022).

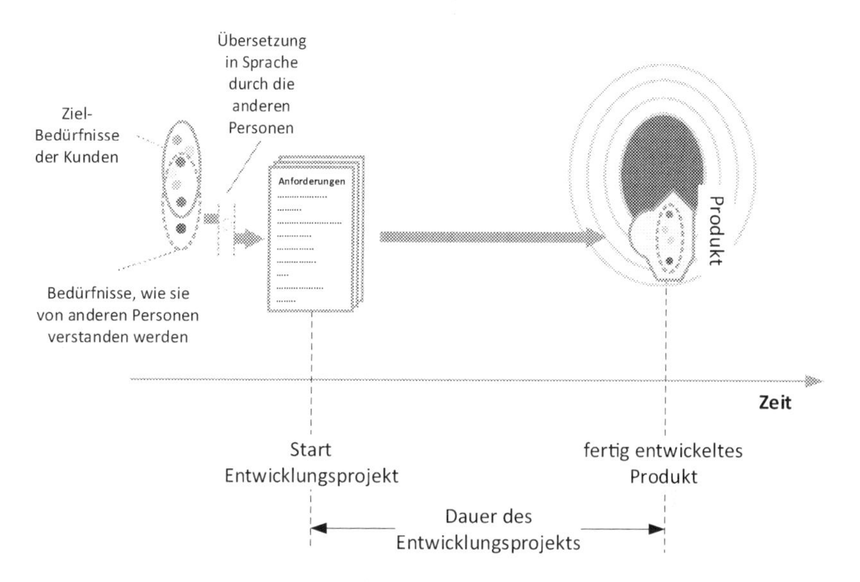

Abb. 3.3 Fehlinterpretation der Kundenbedürfnisse aufgrund nicht gegebener Intersubjektivität und Problemen bei der sprachlichen Fixierung der Bedürfnisse in Form von Anforderungen

Es bleibt also eine Wissenslücke zwischen dem, was die Kunden wirklich wollen und dem, was als Anforderungen in der Entwicklungsorganisation des Unternehmens ankommt.

Ein kurzer Blick auf den Konstruktivismus lässt auch vermuten, dass eine objektive Beschreibung der Wirklichkeit nicht möglich ist und ein Einfluss beobachtender Personen immer gegeben ist.

> „*Alles was gesagt wird, wird von einem Beobachter gesagt.*" (Maturana, 1998)

> „*Es ist der Anspruch auf Objektivität, der aufgegeben werden muss, gehört es doch zu den Merkmalen einer objektiven Beschreibung, dass die Eigenschaften des Beobachters nicht in diese eingehen, sie beeinflussen und bestimmen.*" (Pörksen, 2018)

In bestimmten Situationen kann sich aus dem Problem des Beobachters aber, richtig genutzt, auch ein Vorteil ergeben. Sucht ein Unternehmen Ideen für ganz neue Produkte, so kann aus den Erkenntnissen dieses Kapitels abgeleitet werden, dass man bewusst Personen mit einem ganz anderen Erfahrungsvorrat eine Situation beobachten lassen sollte und nicht Personen, die aus der Erfahrungswelt der aktuellen Produkte kommen. Personen mit einem anderen Erfahrungsvorrat würden beobachtete Situation aufgrund eines anderen Erfahrungsvorrats auch anders interpretieren und damit Ideen für gänzlich neue Produkte entwickeln können.

Anmerkung: Eine weitere mögliche Quelle für Anforderungen ist natürlich das Internet sowie die sozialen Medien. Hierin sich viele Informationen in Form von Anmerkungen, Lob oder Kritik zu existierenden Produkten zu finden. Es werden aber auch Probleme beschrieben, für die es noch keine geeignete Lösung gibt. Diese Informationen sind meist sehr verstreut, sehr unterschiedlich dokumentiert und beschriebenen und in unterschiedlichen Sprachen verfasst. Will man diese für die Produktentwicklung nutzen, so ist auch in dem Fall ein Mittler notwendig, um diese Informationen in für die Produktentwicklung geeignete Anforderungen zu übersetzen. Inwieweit dieses einmal KI-Systeme übernehmen können und inwieweit diese dann objektiv sein werden, muss die Zukunft zeigen.

3.2 Buyer Persona

Ein anderer Ansatz ist das Kennenlernen der Kunden:innen über sogenannte Buyer Personas.

Der Begriff der Persona wird einerseits in der analytischen Psychologie verwendet und beschreibt nach C. G. Jung darin *„...die äußere Einstellung und Haltung eines Menschen, die als Kompromiss zwischen seinen individuellen Wesenszügen und seinem Bedürfnis, sich an die Umgebung anzupassen, zustande kommt."* (Brockhaus online, 29.01.2022).

Hier aber geht es um die sogenannte Buyer Persona (Häusel & Henzler, 2018). Eine Buyer Persona soll hier verstanden werden als ein Modell, welches typische Kunden:innen beschreibt, samt ihrer Lebenswelt[4]. Mit Hilfe einer Buyer Persona soll die Ziel-Kunden:innen für das neuen Produkt Gestalt und Gesicht bekommen, Abb. 3.4. Durch ein solches Modell soll es den Entwickler:innen möglich werden, sich in die beschriebene Person hineinzuversetzen, die Person so zu verstehen, um auf diese Weise ein genaueres Bild von den Bedürfnissen der Person zu erhalten. Die Entwicklung eines Produktes, kann auf der Basis einer Buyer Persona oder mehrerer beschriebenen Buyer Personas erfolgen.

[4] „Lebenswelt ist die Gesamtheit des möglichen Erfahrungshorizonts, innerhalb dessen ein wahrnehmendes-erfahrendes Ich auf Gegenständlichkeit gerichtet ist." Kunzmann und Burkard (2017).

Aber dieser Ansatz ist aus mehreren Gründen auch kritisch zu betrachten:

- Eine Buyer Persona ist ein Modell, das von einer oder mehreren realen Personen beschrieben wird. Es beschreibt selten eine reale Person, da diese ja direkt in den Entwicklungsprozess einbezogen werden könnte.
- Wie objektiv kann die Beschreibung einer Buyer Persona sein? Die Beschreibung erfolgt durch die beschreibende Person/die beschreibenden Personen immer auch, wenn meist unbewusst, auf der Basis des eigenen Erfahrungsvorrats. Wahrnehmungserfahrungen bei der Beobachtung sind letztlich nicht frei von kognitiven Phänomenen wie den eigenen Überzeugungen, Wünschen, Konzepten und Vorlagen (kognitive Durchdringung) (Newen & Vetter, 2017).
- Die Bedürfnisse einer Person werden durch ihre Lebenswelt geprägt. Die Lebenswelt umfasst aber alle möglichen Erfahrungshorizonte, das Private, die Arbeit und das gesellschaftliche Umfeld sowie die Einbindung in dieses Umfeld. Eine Buyer Persona kann also nur vollständig beschrieben werden, wenn die Lebenswelt in ihrer Gänze erfasst wird, also nicht nur ein Aspekt. Bedürfnisse werden geprägt durch die Lebenswelt als Ganzes. Eine vollständige Erfassung der Lebenswelt ist allerdings sehr aufwendig.
- Werden Buyer Personas sehr genau definiert, so repräsentieren sie auch nur eine kleine Menge an Kunden. Ist die Menge der potenziellen Kunden für das Produkt per se aber groß, so ist auch eine große Anzahl an Buyer Personas zu beschreiben.

Die Beobachtung nur eines Ausschnitts aus der Lebenswelt kann, gerade bei technischen Produkten, zu einem falschen Bild führen, da sich die Bereiche immer

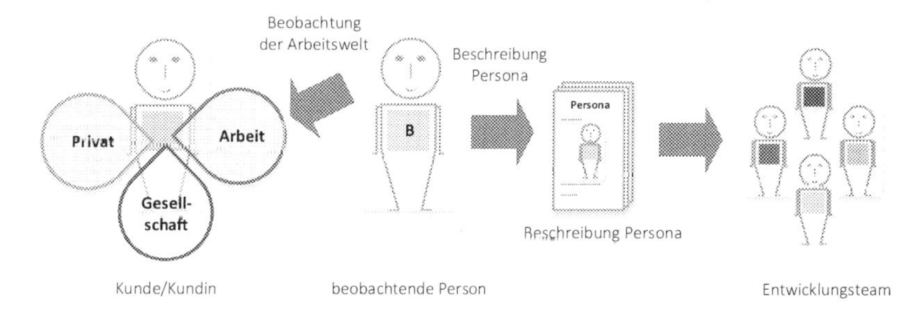

Abb. 3.4 Buyer Personas als Basis für die Entwicklung eines Produktes und Problem der Beobachtung nur eines Bereichs dieser Lebenswelt

mehr entgrenzen. Ein besonderes Beispiel ist die Verlagerung des Arbeitsplatzes ins Private (Homeoffice). So verschmelzen die Bereiche Arbeit, Privates und Gesellschaft der Lebenswelt der Personen. Erfahrungen im Privaten mit der Nutzung von Produkten wie beispielsweise Smartphones, lassen zudem Bedürfnisse entstehen, die dann auch von am Arbeitsplatz genutzten Objekte erfüllen müssen, etwa eine ähnlich leichte Bedienung einer Maschine, wie sie vom privaten Smartphone bekannt ist.

Da eine beschriebene Buyer Persona keine real existierende Person ist, kann sie sich auch später nicht direkt zu ihren Wahrnehmungen eines neuen Produktes äußern, sondern immer nur, wenn überhaupt, über eine reale Person. Diese kann aber wiederum durch die eigene Interpretation der beschriebenen Buyer Persona und der eigenen Wahrnehmung des neuen Produktes nicht objektiv sein.

3.3 Beobachtung von Kunden:innen durch Personen der Entwicklungsorganisation

Ein anderer Ansatz, um Kundenbedürfnisse möglichst unverfälscht in Entwicklungshandeln umzusetzen, besteht darin, Personen, die später auch für die Entwicklung des Produktes verantwortlich sind, die Lebenswelt der Kunden:innen direkt vor Ort erleben zu lassen, Abb. 3.5. Dieses Erleben der Lebenswelt muss von der Dauer und der Einbindung in die Lebenswelt so sein, dass diese tatsächlich mit allen relevanten Facetten wahrgenommen werden kann. Und bei Produkten, die eine Vielzahl von Kunden ansprechen sollen, gilt es auch die Lebenswelten von einer entsprechenden Zahl von Kunden:innen kennenzulernen. Das setzt natürlich voraus, dass bei einer großen Zahl an Kunden:innen im Vorfeld eine systematische Segmentierung, am besten anhand von Merkmalen der Lebenswelten, vorgenommen wird und jedes Segment besucht wird. Zufällige Kurzbesuche bei Kunden, wie man sie häufig in der Praxis antrifft, können zur Ableitung falscher Bedürfnisse und damit zur Formulierung falscher Anforderungen führen.

Als ein Beispiel für eine solche Vorgehensweise kann hier der Ansatz von Toyota und seinem Chefingenieur genannt werden, der, nach Übernahme der Verantwortung für ein Entwicklungsprojekt, zuerst über einen längeren Zeitraum, durchaus mehrere Monate, persönlich die Lebenswelt potenzieller Kunden des neuen Fahrzeuges kennenlernen muss. Hier zu folgende Aussage, die Kousuke Shiramizu, bis 2005 Excecutive Vice President Quality and Environmental Activities bei Toyota zugeschrieben wird:

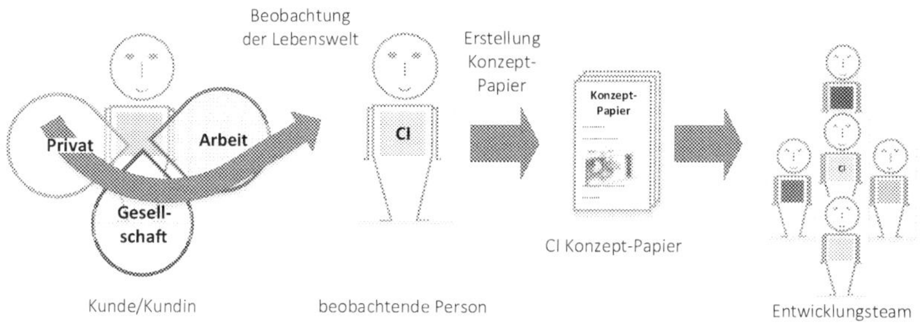

Abb. 3.5 Beobachtung der Lebenswelt von Kunden und Integration der beobachtenden Person in das Entwicklungsteam

> „Engineers who have never set foot in Beverly Hills have no business designing a Lexus. Nor has anybody who has never experienced driving on the Autobahn firsthand.“ (Morgan & Liker, 2006)

In einem ersten Schritt übersetzt der Chefingenieur seine Wahrnehmung in ein Konzeptpapier (ca. 25 Seiten) für ein neues Fahrzeug. Es entsteht damit ein erstes grobes Produktkonzept. Natürlich kann auch diese Übertragung nicht frei von „Übersetzungsfehlern“ sein, sowohl bezüglich der Wahrnehmung wie auch der sprachlichen Formulierung. Allerdings wird die sprachliche Formulierung eines solchen Konzeptpapiers geübt und es werden darin in großem Maße Elemente der visuellen Kommunikation, Bilder, Zeichnungen, Skizzen verwendet.

Aber wesentlich wichtiger für die Umsetzung der Kundenbedürfnisse in Merkmale des neuen Produktes ist es, dass der Chefingenieur als Stimme der Kunden direkt an der folgenden Entwicklung des Fahrzeugs in verantwortlicher Position beteiligt ist. Er trifft alle wichtigen Entscheidungen im Entwicklungsprojekt. Die persönliche Wahrnehmung des Chefingenieurs und ggf. weiterer beteiligter Personen, fließt so direkt ein in das Entwicklungsprojekt. Es findet keine Trennung der Verantwortlichkeit von Erstellung der Anforderungsliste/des Lastenhefts und Umsetzung der Anforderungen in das Produkt statt.

Auch diese Vorgehensweise kann nicht gänzlich frei von Wahrnehmungsfehlern sein, aber sicher deutlich näher an den Bedürfnissen der Kunden:innen, als die zuvor beschriebenen Vorgehensweisen. Vor allem auch, da diese direkt durch Personen in den Produktentwicklungsprozess hineingetragen werden, die diesen auch maßgeblich beeinflussen.

3.4 Fazit der Betrachtung des Wegs der Kundenbedürfnisse in den Produktentwicklungsprozess

Die eingangs von Kap. 3 gestellte Frage, ob es überhaupt möglich ist, dass Kundenbedürfnisse unverfälscht in den Produktentwicklungsprozess einfließen, kann aufgrund der vorangegangenen Betrachtung verneint werden. Auch ein Blick in die Wissenschaftstheorie belegt dieses:

> *„…daß es so etwas wie ein voraussetzungsloses Betrachten und Beobachten überhaupt nicht gibt. Immer sind Entscheidungen und vor allen Dingen denkstilgebundene Gewohnheiten mit im Spiel, die sich schon auf die möglichen Eigenschaftsbestimmungen beziehen.*
>
> *Von dem voraussetzungslosen Beobachten sagt Fleck, daß es psychologisch ein Unding und logisch ein Spielzeug sei und am besten beiseitegesetzt werde"* (Fleck et al., 2017)

Es zeigt sich zwar, dass es Ansätze gibt, die Kundenbedürfnisse möglichst gut den Handelnden im Entwicklungsprozess bereitzustellen, aber mit einem entsprechend hohen Aufwand und dann auch nicht vollkommen objektiv. In der Praxis fehlt nur häufig einfach das Bewusstsein dafür, dass eine Lücke vorhanden ist, Abb. 3.6, und dass diese Lücke dazu führt, dass Kunden:innen ein neues Produkt, wenn es in den Markt kommt, nicht annehmen.

Es bleibt also immer eine mehr oder weniger große Lücke zwischen den tatsächlichen Kundenbedürfnissen, die es zu befriedigen gilt, und dem, was in der Produktentwicklung als Kundenbedürfnisse ankommt.

> *„Folglich ist das Zusammentragen von Fakten in der Frühzeit eine Tätigkeit die weit mehr dem Zufall unterliegt als die, welche die darauffolgende wissenschaftliche Entwicklung kennzeichnet."* (Kuhn, 2020)

So kann zumindest teilweise erklärt werden, warum es Produkte gibt, die erfolgreicher im Markt sind und solche, die weniger oder überhaupt nicht erfolgreich sind. Grund ist hier das mangelnde Verständnis für die wirklichen Bedürfnisse der Kunden:innen.

Allerdings ist dieses nur ein Grund, warum Produkte bei den Kunden:innen im Markt ankommen und andere wiederum nicht.

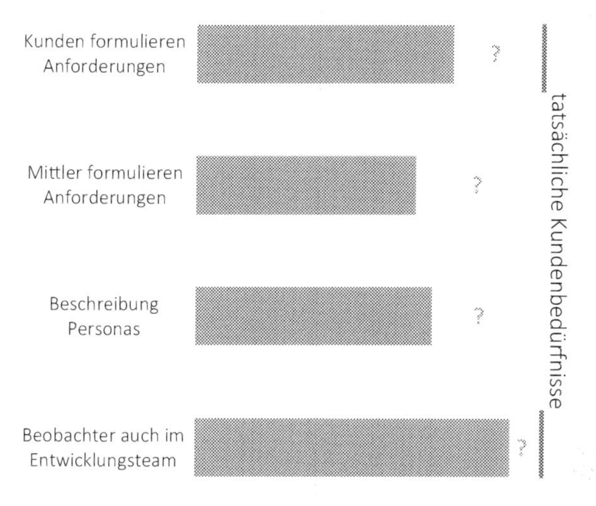

Abb. 3.6 Qualitative Schätzung der Lücke zwischen den zu befriedigenden Kundenbedürfnissen und den in Form von Anforderungen formulierten Kundenbedürfnissen als Basis der Arbeit einer Entwicklungsorganisation

4 Die Entwicklung eines Produktes

4.1 Interpretation der Entwicklungsaufgabe in der Entwicklungsorganisation

Die Entwicklungsorganisation eines Unternehmens hat die Aufgabe in Zusammenarbeit mit anderen Organisationseinheiten im Unternehmen sowie möglichen externen Partner das Produkt zu entwickeln. Die Informationen über das, was zu entwickeln ist, fließt wie beschrieben in Form von *Anforderungen, Buyer Personas* oder ersten groben *Konzepten* in die Entwicklungsorganisation. In einem ersten Schritt muss dazu für alle beteiligten Personen Klarheit über die Entwicklungsaufgabe geschaffen werden. Die eingehenden Informationen sind zu analysieren und zu interpretieren. Das führt zu der Frage:

- Ist es möglich, aus den zur Verfügung stehenden Informationen objektiv die Entwicklungsaufgabe abzuleiten?

Nachfolgend sollen die drei beschriebenen Wege, nochmals etwas genauer betrachtet werden.

Anforderungen

Aufgabe: Die Entwicklung eines Produktes, welches die formulierten Anforderungen erfüllt.

Am häufigsten wird von Unternehmen die Entwicklungsaufgabe anhand von Anforderungen an das Produkt beschrieben. Zwei Arten von Anforderungen können unterschieden werden:

W. Engeln, *Modellbasierte Produktentwicklung*, essentials,
https://doi.org/10.1007/978-3-658-38535-4_4

- Anforderungen, die neben der sprachlichen Beschreibung mit einem numerischen Wert versehen sind.
- Anforderungen, die nur sprachlich beschreiben sind und keine zusätzliche numerische Präzisierung erfahren.

Augenscheinlich einfach ist bei der Entwicklung technischer Produkte die Umsetzung von Anforderungen, die mit einem numerischen Wert versehen sind. Diese Anforderungen erscheinen deshalb einfach, weil sie keinen oder nur sehr wenig Spielraum für persönliche Interpretationen zulassen. Es wird außerdem davon ausgegangen, dass mit der Erreichung der vorgegebenen Werte auch ein Produkt entsteht, dass die zu befriedigenden Kundenbedürfnisse trifft und damit Akzeptanz bei den Kunden:innen findet. Nur: Wer legt die numerischen Werte fest? Wie sind diese Festlegungen von persönlichen Prägungen und Erfahrungen beeinflusst? Ist beispielsweise ein vorgegebener Wert für die Beschleunigung eines Fahrzeuges wirklich das, was sich die Kunden vorstellen? Können sie das nicht wirklich erst beurteilen, wenn sie zum ersten Mal die Beschleunigung selbst wahrnehmen können? Oder ist das vorgegebene Gewicht eines Gerätes für die Kunden:innen nicht doch zu hoch, wenn sie tatsächlich spüren können, was es heißt, einen ganzen Tag mit dem Gerät arbeiten zu müssen?

Noch schwieriger wird aber die Interpretation von Anforderungen, die mit keinem numerischen Wert versehen sind, beispielsweise die Forderungen nach einem zeitgemäßen ästhetischen Äußeren eines Produktes. Hierbei spielen die persönlichen Vorstellungen eine große Rolle und solche Anforderungen lassen viel Spielraum für eine persönliche Interpretation. Letztlich gilt für ein physisches Produkt:

Ein physisches Produkt wirkt in seiner Gesamtheit auf die Kunden:innen. Es ist die Summe des Wahrgenommen. Nur wenn ein Produkt mit all seinen wahrnehmbaren Merkmalen die Kundenbedürfnisse **befriedigt und sein Wert für die Kunden:innen erkennbar ist, wird es die gewünschte Akzeptanz finden.**

Allerdings, unter Berücksichtigung des in Kap. 3 beschriebenen, kann auch die Wahrnehmung eines Produktes durch Kunden:innen nicht wirklich objektiv sein. Sie ist durch Vorprägung und Informationen, über welche die Kunden:innen verfügen, beeinflusst. Und ein wichtiger Punkt darf nicht außer Acht gelassen werden, dass ist die Dynamik, mit der sich Anforderungen im Laufe eines Entwicklungsprojektes verändern können. So kommt es häufig vor, dass Entwickler:innen den sich ständig verändernden Anforderungen hinterherlaufen und es von daher ausgeschlossen ist, dass am Ende der Entwicklungsarbeit tatsächlich ein Produkt steht, welches die Kundenbedürfnisse befriedigt. Im schlimmsten Falle aber bekommen Entwickler:innen überhaupt nicht mit, dass die Kundenbedürfnisse und damit sich die Anforderungen während ihrer Arbeit an der Entwicklung des neuen Produktes verändert haben.

Es zeigen sich also Unzulänglichkeiten, wenn eine Aufgabenstellung in Form von Anforderungen in die Entwicklungsorganisation zu den Entwickler:innen kommt. Diese führen dazu, dass weitere Abweichungen entstehen zwischen dem, was sich die Kunden:innen wünschen und dem, was im Unternehmen entwickelt wird.

Buyer Persona

Aufgabe: Entwicklung eines zu den beschriebenen Buyer Personas passenden Produktes.

Ist eine Buyer Persona oder sind mehrere Buyer Personas definiert und beschrieben, so besteht die Aufgabe von Entwickler:innen darin ein Produkt zu entwickeln, welches zu den Buyer Personas passt, Abb. 4.1. Sind mehrere Buyer Personas beschrieben, so können diese untereinander sehr heterogen sein. Und was heißt das dann für die Produktentwicklung? Sind nun unterschiedliche Produkte oder zumindest Produktvarianten notwendig?

Teilweise wird auch noch so vorgegangen, dass ausgehend von den beschriebenen Buyer Personas zusätzlich Anforderungen an das Produkt definiert werden. Wer aber beschreibt in diesem Falle die Anforderungen und wie objektiv kann diese Beschreibung sein? Sinnvoll ist es deshalb, schon während der Beschreibung der Buyer Personas parallel dazu noch Anforderungen an das Produkt zu definieren, trotz der beschriebenen Unzulänglichkeit von Anforderungsdefinitionen.

Werden keine Anforderungen beschrieben, so erfolgt die Entwicklung auf Basis der beschriebenen Buyer Personas. Und dieses lässt zwangsläufig viel Spielraum für die Interpretation durch die handelnden Personen des Entwicklungsteams. Und

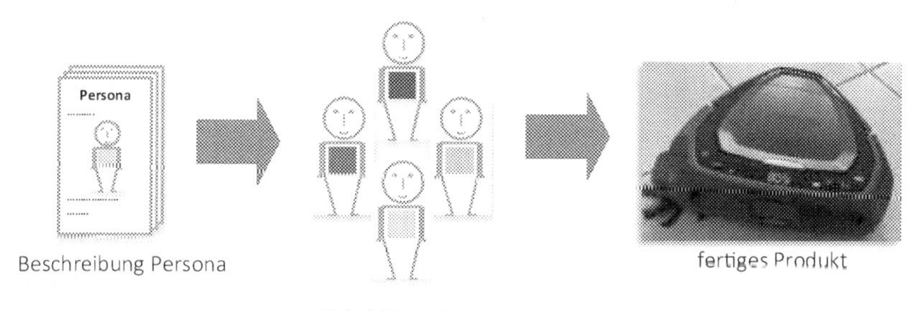

Abb. 4.1 Beschriebene Buyer Personas und „Übersetzung" ihrer Bedürfnisse in ein physisches

wie wird überprüft, ob das fertige Produkt wirklich zu den beschriebenen Buyer Personas passt? Da diese keine realen Personen sind, können sie eigenständig auch keine Meinung zu dem Produkt äußern, um die „Passgenauigkeit" des Produktes zu den beschriebenen Buyer Personas zu überprüfen.

Auch hier können sich die Kundenbedürfnisse der realen Kunden während der Entwicklung des Produktes verändern. Zwangsläufig ist dann auch eine Anpassung der Buyer Personas notwendig.

Konzept

Aufgabe: Das erarbeitete erste grobe Konzept des Produktes zum fertigen Produkt zu entwickeln.

Den tatsächlichen Bedürfnissen der Kunden:innen am nächsten kommt der Ansatz einer längeren Beobachtung potenzieller Kunden:innen in unterschiedlichen Bereichen ihrer Lebenswelt. Die Erkenntnisse daraus werden direkt in ein erstes grobes Konzept des Produktes übersetzt und nicht über Zwischenstufen wie Anforderungen oder Buyer Personas. Zur Detailentwicklung werden für einzelnen Produktelemente ausgehend vom Konzept wiederum Anforderungen abgeleitet. Durch das Konzept ist das Produkt in seiner Gesamtheit definiert, Anforderungen dienen lediglich der Entwicklung der einzelnen Produktelemente in einer verteilten Entwicklungsorganisation.

Aber besonders dadurch, dass die Person oder die Personen, welche die Lebenswelt der Kunden direkt kennengelernt haben, in verantwortlicher Position Teil des Entwicklungsteams sind, und diese die Stimme der Kunden:innen im Projekt repräsentieren, wird der Interpretationsspielraum der anderen Entwickler:innen eingeschränkt. Es ist ein schneller Abgleich der Aktivitäten und Ergebnisse des eigenen Entwicklungshandelns mit den „Kunden:innen" möglich. So wird sichergestellt, dass die Kunden:innen in großer Näherung das Produkt bekommen, was sie wirklich benötigen. Jedoch ist zu bedenken:

- Auch dieser Ansatz kann nicht zu einer vollständigen Übereinstimmung führen, weil auch bei diesem Ansatz Kundenbedürfnisse sich während der Entwicklung des Produktes verändern können.
- Die im Entwicklungsprojekt beteiligten sind nicht die Kunden selbst, sondern, trotz der erfahrenen Lebenswelt der Kunden:innen, nur Personen, deren eigene Lebenswelt anders ist, als die der Kunden:innen, für die das Produkte entwickelt wird.

Aber für die Entwicklung von komplexen Großserienprodukten bietet diese Vorgehensweise einen sehr guten Ansatz, Produkte kundenorientiert zu entwickeln.

4.2 Entwicklungshandeln und Einschränkungen des Entwicklungshandelns

Was nun ist Handeln im Kontext der Produktentwicklung? Entwicklungshandeln ist die zielgerichtete menschliche Tätigkeit[1] zur Lösung einer gegebenen Entwicklungsaufgabe. Dabei wird in der unternehmerischen Produktentwicklung meist nach vorgegebenen Handlungsplänen, Entwicklungsprozessen, gearbeitet.

> *„Handlungspläne dienen (….) zum einen der interpersonalen Koordination von Handlungen, wenn das Ziel nur durch das aufeinander abgestimmte Handeln mehrerer Handelnder erreicht werden kann (…). Zum anderen dienen sie der intrapersonalen Koordination, …"* (Quante, 2020)

Mit dem Handel im Rahmen der Produktentwicklung ist natürlich, soweit Entscheidungen zwischen Handlungsalternativen frei getroffen werden können, eine Verantwortungsübernahme für das Handeln verbunden.

Wie in den vorangegangenen Kapiteln beschrieben, sind die Arbeitsschritte ausgehend von den Kundenbedürfnissen über die Formulierung der Entwicklungsaufgabe und deren Interpretation nicht unabhängig von den handelnden Personen. Es ist keine Subjektinvarianz gegeben. Somit stellen sich zwangsläufig auch für das Entwicklungshandeln als solches die Fragen:

- Wie objektiv ist das eigentliche Entwicklungshandeln?
- Wie kann die Objektivität des Entwicklungshandelns verbessert und so die Subjektvarianz reduziert werden?

---

[1] **Handeln**; zielgerichtete menschliche Tätigkeit. Unter *Handlungen* versteht man Ereignisse, die von Personen wissentlich, willentlich und zielgerichtet ausgelöst werden, im Unterschied zum passiven, instinktgebundenen Verhalten (die neuere Verhaltensforschung spricht allerdings auch vom Handeln der Tiere), zu physischen Vorgängen (z. B. Altern, Verdauen oder Frieren) und zum unbewussten und absichtslosen Tun (z. B. Verlegenheitsgeste, Übersprunghandlung). Handeln liegt also nur vor, wenn jemand weiß, was er tut, und wenn er sich für die betreffende Handlungsoption entschieden hat. Einem Handeln muss ein Prozess des Überlegens vorhergegangen sein (praktische Deliberation), in dem jemand Handlungsalternativen nach ihren Vor- und Nachteilen abgewogen hat. Der ausgeführten Handlung muss der Akteur frei zugestimmt haben, woraus sich seine Verantwortlichkeit für das Handeln ergibt. (Brockhaus online; 07.03.2022).

Handeln bezeichnet jede menschliche, von Motiven geleitete zielgerichtete Tätigkeit, sei es ein Tun, Dulden oder Unterlassen. (Wikipedia; 07.03.2022).

4.2.1 Einfluss von Denkstilen und Denkkollektiven

Um die vorangegangenen Fragen zu beantworten soll hier die Wissenschaftstheorie zu Rate gezogen werden. In der Wissenschaftstheorie finden sich zwei wichtige Begriffe, die auch für die Produktentwicklung von Bedeutung sind, dort aber eher wenig Beachtung finden. Es sind die Begriffe *Denkstil* und *Denkkollektiv*. Sie wurden von Ludwig Fleck 1935 (Fleck et al., 2017) eingeführt und wie folgt beschrieben:

Denkstil

> *„Denkstil ist nicht nur diese oder jene Färbung der Begriffe und diese oder jene Art sie zu verbinden. Er ist bestimmter Denkzwang und noch mehr: die Gesamtheit geistiger Bereitschaften, das Bereitsein für solches und nicht anderes Sehen und Handeln. Die Abhängigkeit der wissenschaftlichen Tatsache vom Denkstil ist evident."* (Fleck et al., 2017)
>
> *„Wir können also Denkstil als gerichtetes Wahrnehmen, mit entsprechendem gedanklichen und sachlichem Verarbeiten des Wahrgenommenen, definieren."* (Fleck et al., 2017)

Denkkollektiv

> *„Definieren wir »Denkkollektiv« als Gemeinschaft der Menschen, die im Gedankenaustausch oder in gedanklicher Wechselwirkung stehen, so besitzen wir in ihm den Träger geschichtlicher Entwicklung eines bestimmten Wissensbestandes und Kulturstandes, also eines besonderen* Denkstiles." (Fleck et al., 2017)

Daraus folgert Fleck (Fleck et al., 2017)

1. *Ein Widerspruch gegen das System erscheint undenkbar.*
2. *Was in das System nicht hineinpasst, bleibt ungesehen, oder*
3. *es wird verschwiegen, auch wenn es bekannt ist, oder*
4. *es wird mittels großer Kraftanstrengung dem System nicht widersprechend erklärt.*
5. *Man sieht, beschreibt und bildet sogar Sachverhalte ab, die den herrschenden Anschauungen entsprechen, d. h. die sozusagen ihre Realisierung sind – trotz aller Rechte widersprechender Anschauungen.*

Der Begriff des Denkstils bezieht sich auf die einzelne handelnde Person, der des Denkkollektivs auf eine Gruppe von Personen, beispielsweise Personen einer Entwicklungsorganisation eines Unternehmens, ein Unternehmen als solches oder gar eine ganze Branche. Beides beschreibt aber das Festhalten an Bestehendem, den Widerstand gegen Neues. Im Kontext der Produktentwicklung bedeute das:

- Kritisch sind Denkstile und Denkkollektive, die über Jahre geprägt wurden, für Unternehmen und ganze Branchen, wenn neue Technologien aufkommen oder es eine deutliche Verschiebung der Kundenbedürfnisse gibt. Das Festhalten an altbekanntem stellt dann eine Gefahr für Unternehmen dar. Dem kann nur begegnet werden, indem Denkstile frühzeitig aufgebrochen und Denkkollektive aufgelöst werden.
- In Branchen, in denen sich sowohl Kundenbedürfnisse wie auch Technologien nur sehr langsam verändern, sind gegebene Denkstile und Denkkollektive eher unkritisch. Sie führen zu Produkten, die sich immer nur leicht und „linear" weiterentwickeln und sich von den vorhergehenden nur wenig unterscheiden. Etwas mehr Leistung, etwas größer, etwas weniger Verbrauch, etwas schneller, … sind bei solchen Produkten die Standardentwicklungstrajektorie. Und es könnte immer noch etwas mehr oder noch etwas weniger sein. Prinzipiell erscheint das Risiko bei solchen Entwicklungstrajektorien aufgrund eines geringen Neuigkeitsgrades meist gering ist. Aber wo ist die Grenze solcher Weiterentwicklungen mit Blick auf die Kundenbedürfnisse und auf die Sinnhaftigkeit? Diese Vorgehensweise führt zudem zu einer immer weiteren Verfestigung der schon vorhandenen Denkstile.

Das Festhalten an bestimmten Denkstilen in einer Entwicklungsorganisation führen zu einer Einschränkung des Lösungsraums für eine Entwicklungsaufgabe. Die aufgrund des Denkstils vorhandenen Einschränkungen führen dazu, dass in Unternehmen die optimalen Lösungen für die Kunden:innen überhaupt nicht „gedacht" werden, Abb. 4.2, da man sich beispielsweise nur eine bestimmte Art von technologischen Lösungen vorstellen kann und andere Lösungen nicht in Betracht kommen.

Der Lösungsraum wird zwar durch die Weiterentwicklung der genutzten Technologien vergrößert, gleichzeitig aber in den meisten Fällen, auch komplexer. Neue Lösungen, welche die Kundenbedürfnisse besser erfüllen, finden sich aber oftmals in einem neuen Lösungsraum, der aufgrund vom Denkstil dem Denkkollektiv „verschlossen" ist. Das Denkkollektiv ist also in einem „Denkraum" gefangen.

Abb. 4.2 Einschränkungen möglicher Lösungen durch Denkstile in einem Unternehmen

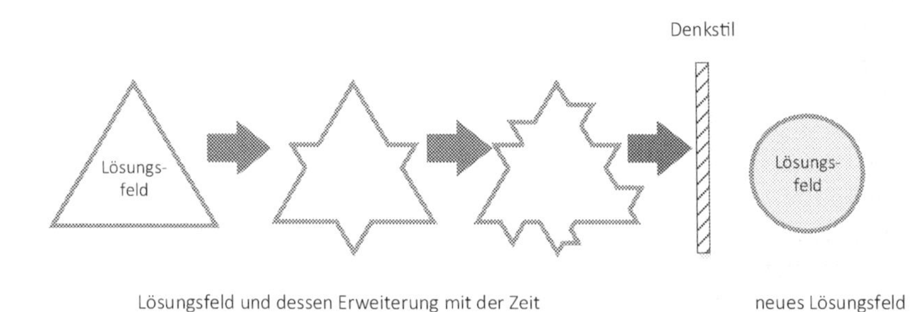

Abb. 4.3 Erweiterung des möglichen Denkraums im Verlaufe der Zeit – der Denkstil verhindert aber den Paradigmenwechsel hin zu einem anderen Denkraum mit neuen Lösungen

Ein Paradigmenwechsel[2] ist nicht oder nur sehr schwer möglich, wie Abb. 4.3 vereinfacht zeigt.

[2] **Paradigma:** Ihre Leistung war neuartig genug, um eine beständige Gruppe von Anhängern anzuziehen, die ihre Wissenschaft bisher auf andere Art betrieben hat und gleichzeitig war sie noch offen genug, um der neuen Gruppe von Fachleuten alle möglichen ungelösten Probleme zu stellen. Leistungen mit diesen beiden Merkmalen werde ich von nun an als **»Paradigmata«** bezeichnen, ein Ausdruck, der eng mit der »normalen Wissenschaft« zusammenhängt. (Kuhn, 2020).

Es ließe sich, ähnlich wie es Kuhn[3] für die Wissenschaften beschrieben hat, formulieren: Die Kompliziertheit der technischen Lösung wächst viel schneller als ihre Fähigkeit, ein technisches Problem zu lösen.

Mit den weiteren Einschränkungen ist die Gefahr verbunden, dass es zwar eine Lösung der Entwicklungsaufgabe gibt, diese aber die Kundenbedürfnisse nicht trifft.

In der Konsequenz zeigt sich, dass sich ein Unternehmen darüber bewusst sein sollte, wie die Denkstile der Personen im Unternehmen sind und welche Denkkollektive es gibt. Aus Sicht der Produktentwicklung wirkt sich beides auf die im Unternehmen entwickelten und im Markt angebotene Produkte aus. Denkstile und Denkkollektive, die Veränderungen behindern, können dazu führen, das Unternehmen in der letztendlichen Konsequenz vom Markt verschwinden. Ihr Festhalten an bekanntem, ihre Unfähigkeit neues ernsthaft aufzunehmen und schnell umzusetzen gefährdet die Unternehmen. Konsequent verändern lassen sich die Denkstile nur durch personelle Veränderungen, durch Personen, die nicht durch die Denkstile der Organisation geprägt sind.

Es gibt in diesem Zusammenhang noch eine weitere interessante Beobachtung: Entwickler:innen berücksichtigen bei Bauteilen, Baugruppen und ganzen Produkten schon Anforderungen, bei denen sie glauben, dass diese zukünftig wichtig sein könnten, ohne dass diese von den Kunden:innen geäußert werden, siehe (Block et al., 2021). Das führt zwangsläufig zu Produkten, die nicht die tatsächlichen Bedürfnisse von Kunden:innen erfüllen und so an den Kundenbedürfnissen vorbeigehen. Und häufig sind die dann entwickelten Produkte mit höheren Kosten und einer unnötig höheren Komplexität verbunden.

4.2.2 Auswirkungen von ökonomischen und ökologischen Zwängen

Der Lösungsraum als Gesamtzahl der möglichen Lösungen für eine Entwicklungsaufgabe, ist für technische Produkte grundsätzlich erst einmal durch die zum Zeitpunkt der Aufgabenstellung verfügbaren Technologien begrenzt.

- Möglich ist, dass in einer Entwicklungsorganisation nicht alle verfügbaren Technologien bekannt sind. Das lässt sich durch Aufbau eines Wissens- und

[3] Mit der Zeit aber konnte jemand, der den Endeffekt der normalen Forschungsbemühungen der vielen Astronomen betrachtet, feststellen, daß die Kompliziertheit der Astronomie viel schneller wuchs als ihre Exaktheit, und daß eine Diskrepanz, die an der einen Stelle korrigiert wurde, wahrscheinlich an einer anderen zu einer neuen führte. (Kuhn, 2020).

Technologiemanagements lösen, sodass in der Entwicklungsorganisation jederzeit Wissen vorhanden ist, welche Technologien prinzipiell zur Verfügung stehen und wo deren Möglichkeiten und Grenzen liegen.
- Ist keine Technologie bekannt, so können auch im Rahmen eines Entwicklungsprojektes fehlende Technologien entwickelt werden. Dieses ist dann verbunden mit einem erhöhten Risiko, dass die Entwicklungsaufgabe nicht wie geplant gelöst werden kann.

Durch die bereits erwähnten Denkstile ist es aber häufig so, das Unternehmen nur nach Lösungen auf Basis der ihnen bekannten und vertrauten Technologien suchen. Der Denkstil verhindert eine Technologieoffenheit.

Jedoch gibt es bei der Lösung einer Entwicklungsaufgabe auch äußere Zwänge, welche den Lösungsraum für eine Entwicklungsaufgabe einschränken.

Einschränkende ökonomische und ökologische Zwänge

Ökonomische Zwänge sind für Entwickler:innen schon lange fester Bestandteil ihrer Arbeit. Die Produktion verlangt heute nach Produkten, die sich ohne Probleme in großen Stückzahlen günstig herstellen lassen. Der Umgang damit ist geübte Praxis und Bestandteil in der Ausbildung von Entwickler:innen. Die zentrale Kenngröße für diese Zwänge sind die Herstellkosten eines Produktes.

Fast jedes zu entwickelnde Produkt ist gekennzeichnet durch ein vorgegebenes Herstellkostenziel, das es zu erreichen gilt. Die Herstellkosten werden beeinflusst durch die verwendeten Materialien, durch Fertigung- und Montage, Produktstruktur und der daraus folgenden Verwendung von Gleichteilen, Logistikkosten außerhalb und innerhalb des Unternehmen, durch Make-or-Buy Entscheidungen, anfallende Gemeinkosten im Unternehmen und deren Umlage auf das Produkt als Kostenträger.

Immer stärker, was aus gesellschaftlicher Sicht auch zwingend erforderlich ist, prägen ökologische Rahmenbedingungen die Entwicklung neuer Produkte. Wichtige Aspekte dabei sind:

- der CO_2-Fußabdruck eines neuen Produktes, und
- der Verbrauch begrenzt verfügbarer Materialien.

Beides gilt es im Rahmen der Entwicklung eines neuen Produktes zu minimieren oder gar auf null zu senken.

Unweigerlich steigert das die Komplexität einer Entwicklungsaufgabe. Es erfordert, zusätzlich zu dem technischen und betriebswirtschaftlichen Wissen, auch Wissen darüber, wie sich Entscheidungen im Rahmen der Produktentwicklung ökologisch auswirken. Gerade die ökologischen Auswirkungen von Entscheidungen in der Produktentwicklung sind nicht immer einfach zu erkennen, da diese sich oft erst mit sehr großer Zeitverzögerung zeigen können, während die ökonomischen Auswirkungen meist viel schneller erkennbar sind.

- Wird beispielsweise bei der Entwicklung eines neuen Produktes Material eingespart, so werden dadurch Kosten reduziert und die Materialverbrauchsrate reduziert. Gleichzeitig kann aber durch eine solche Maßnahme die Lebensdauer eines Produktes reduziert werden, was zu mehr Ersatzbeschaffungen und damit letztlich einem höherem Materialverbrauch führt.
- Gleiches gilt auch umgekehrt. Die Lebensdauer eines Produktes kann beispielsweise verlängert werden, indem mehr Material verwendet wird. Dadurch steigt kurzfristig die Materialverbrauchsrate, langfristig ist sie dann aber vielleicht geringer.

Die zusätzlichen ökologischen Zwänge führen zu einem signifikanten ansteigen der Komplexität einer Entwicklungsaufgabe. Es gilt einfach mehr Randbedingungen zu beachten.

Es kann zudem auch notwendig werden, um eine Entwicklungsaufgabe unter zusätzlich ökologischen Randbedingungen lösen zu können, gänzlich neue Technologien zu entwickeln. In diesem Fall ergeben sich, wie schon erwähnt, für die Produktentwicklung größere Unsicherheiten, da Entwicklung und Nutzung neuer Technologien immer auch mit einem erhöhten Realisierungsrisiko verbunden sind.

Ökonomische und ökologische Rahmenbedingungen haben also zwangsläufig zur Folge, dass der Lösungsraum eingeschränkt wird, Abb. 4.4.

Einschränkende Zwänge und Veränderung der Kundenbedürfnisse
Abb. 4.5 soll verdeutlichen, wie sich einerseits Kundenbedürfnisse über der Dauer eines Entwicklungsprojektes verändern können, andererseits der Raum möglicher Lösungen durch die Verfügbarkeit von Technologien, ökonomische und ökologische Randbedingungen eingeschränkt wird.

Zusätzlich schränken die erwähnten Denkstile und damit verbundene Denkkollektive (Entwicklungsorganisation, Unternehmen als Ganzes) aber den Lösungsraum weiter ein, sodass am Ende die Kunden:innen nicht das bekommen, was sie eigentlich gerne hätten oder bräuchten, um ihre Bedürfnisse zu befriedigen.

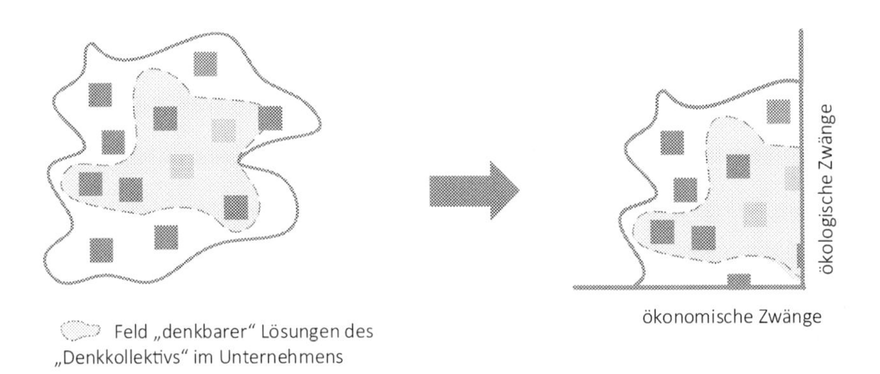

Abb. 4.4 Mögliche Lösungen einer Entwicklungsaufgabe mit aus Kundensicht optimaler Lösung (grün dargestellt) und Einschränkung des Lösungsraum durch ökonomische und ökologische Zwänge

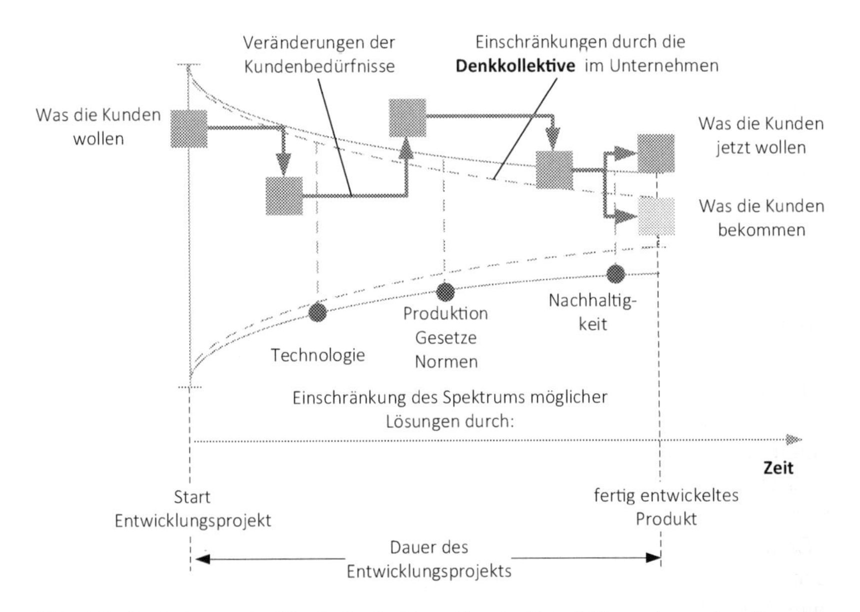

Abb. 4.5 Veränderung der Kundenbedürfnisse über der Entwicklungsdauer eines Produktes und Einschränkung des Lösungsraums durch Technologien, ökonomische und ökologische Zwänge und Denkstile

4.2.3 Auswirkungen höherer Komplexität von Entwicklungsaufgaben

Die Frage, die sich aus dem beschriebenen Zusammenhang ergibt, ist nun die, wie Entwickler:innen mit der steigenden Komplexität umgehen? Denn gleichzeitig haben sie zeitliche Zielvorgaben zu erfüllen, da ein neues Produkt schnell in den Markt kommen soll. Komplexere Entwicklungsaufgaben in gleicher oder kürzerer Zeit zu erfüllen erfordert

- größere Entwicklungsteams, da mehr unterschiedliches Fachwissen benötigt wird,
- bessere Methoden und Werkzeuge zur Bearbeitung der Aufgabe,
- veränderte Vorgehensweisen bei der Produktentwicklung, aber auch
- die Lösung komplexerer Denkaufgaben durch die einzelnen Personen in der Entwicklung.

Dem ersten Punkt sind Grenzen gesetzt, da Entwicklungsteams nicht beliebig groß werden können, da ab einer gewissen Größe die Effizienz der Teamarbeit deutlich abnimmt, (Engeln, 2019). Methoden und Werkzeuge werden ständig verbessert, insbesondere digitale Werkzeuge zur Entwicklungsunterstützung wie beispielsweise Darstellungs-, Berechnungs- und Simulationswerkzeuge. Auch bei den Vorgehensweisen gibt es Veränderungen – Lean Development, Agiles Vorgehen – um mit der gestiegenen Komplexität fertigzuwerden. Wobei gerade bei diesem Punkt noch weitere Möglichkeiten zur Verbesserung bestehen.

Interessant ist die Frage, wie die handelnden Personen in einem Entwicklungsprojekt mit der zunehmenden Komplexität fertig werden und unter zeitlichem Druck zu Lösungen kommen. Sind diese Lösungen objektiv und führen zu keiner weiteren Verfälschung bei der Umsetzung der Kundenbedürfnisse in ein Produkt?

Für die Lösung von Aufgaben ist das menschliche Gehirn bestrebt, sowenig Energie wie möglich aufzuwenden (Kool et al., 2010). Der Energieaufwand sinkt mit steigendem Geschick eine Aufgabe zu lösen (Kahneman, 2012). Je ähnlicher die zu lösenden Aufgaben sind, umso geringer der Energieaufwand.

Es liegt also nahe, dass Menschen bei der Lösung neuer Aufgaben immer, wenn auch unbewusst, nach Ähnlichkeiten zu schon gelösten Aufgaben suchen. Folge davon ist: „Menschen verändern Informationen, um sie an existierende Schemata anzupassen.“ (Kriz, 2011).

Und das gilt natürlich auch für die handelnden Personen in einer Entwicklungsorganisation. Neue Aufgaben in der Produktentwicklung unter Zeitdruck zu lösen bedeutet einen hohen Energieaufwand. Um diesen zu reduzieren wird das

Gehirn also versuchen die Aufgabe so zu verändern, bis ein Anschluss an schon existierende Schemata in Form schon gelöster Aufgaben gefunden ist. Diese Anpassung kann zu einer weiteren Verfälschung bei der Lösung der Entwicklungsaufgabe und somit weiter weg von der Erfüllung der Kundenbedürfnisse führen.

Erfahrung hat letztlich mit Blick auf die Produktentwicklung ihre zwei Seiten. So liegt der Nutzen der Erfahrung darin begründet, dass bekannte oder ähnliche Aufgaben schnell und sicher gelöst werden können. Die Gefahr der Erfahrung besteht darin, dass sie blind macht vor neuen Dingen und so die Neuerungen nicht erkennt, die große Veränderungen bewirken können. Ein Zitat, über das es sich auch im Zusammenhang mit der Produktentwicklung einmal nachzudenken lohnt:

> „Erfahrung lehrt uns zwar, daß etwas so oder so beschaffen sei, aber nicht, daß es nicht anders sein könne."
>
> Kant, I.; Kritik der reinen Vernunft (Kant & Schmidt, 1964)

5 Objektivierung des Entwicklungshandels durch methodisches Vorgehen

Die Frage, wie Entwicklungshandeln objektiv werden kann, beschäftigt die Ingenieurwissenschaften schon recht lange. Sie ist eng damit verbunden, wie die Tätigkeit des Schaffens von technischen Objekten zur Wissenschaft wurde.

Verbunden mit der industriellen Revolution, dem Umstand, dass technische Objekte immer komplexer wurden und dem Ziel, diese in größerer Stückzahl herzustellen, führten zu einer Arbeitsteilung zwischen denjenigen, die sich die technische Lösung für die Objekte überlegten und denjenigen, die die Objekte herstellten. Das technische Objekt musste also vorher konstruiert und entsprechende Konstruktionsunterlagen als Basis für die Herstellung erstellt werden. Nur sollte dieses Konstruieren nicht planlos erfolgen, sondern möglichst zielgerichtet und dieses zielgerichtete Vorgehen sollte auch lehr- und lernbar sein. Es entstand die Konstruktionslehre. Erstes Ziel war es den damaligen technische Vorsprung Englands aufzuholen. Mit der Zeit kamen weitere Ziele hinzu:

- die Rationalisierung des Konstruierens,
- die Behebung des latenten Mangels an qualifizierten Personen für die Konstruktion,
- Objekt so zu konstruieren, dass sie sich besser herstellen lassen.

Vielfach wird als Ausgangspunkt der Entwicklung der Konstruktionslehre Redtenbachers *Prinzipien der Mechanik und des Maschinenbaus* (Redtenbacher, 1852) genannt. Er wollte damit die wissenschaftliche Betrachtung stärker auf den Entwurfsprozess fokussieren und weg vom technischen Objekt als solches. Und er wollte hin zu einer rationalen Rekonstruktion des intuitiven Vorgehens, um damit Konstruieren lehrbar zu machen.

Betrachtet man nur die Zeitspanne nach dem zweiten Weltkrieg, so entwickelte sich die Konstruktionsmethodik in der ehemaligen DDR und in der

W. Engeln, *Modellbasierte Produktentwicklung*, essentials,
https://doi.org/10.1007/978-3-658-38535-4_5

Bundesrepublik unterschiedlich. In der DDR wurde mit der Weiterentwicklung der Konstruktionsmethodik mehr als 10 Jahre früher begonnen, im Vergleich zur Bundesrepublik. Sie ist verbunden mit Namen wie Friedrich Hansen, Werner Bischoff und Johannes Müller. Mit dem Aufkommen der Rechnertechnik war ihre Entwicklung stark mit dem Versuch verbunden, die Konstruktionsarbeit zu algorithmieren und diese dann von Rechner ausführen zu lassen. Wobei Johannes Müller (Müller, 2012) mit seinem Ansatz der Heuristik in der Konstruktionslehre versucht den Konflikt zwischen der Intuition und der Logik zu lösen und damit auch Intuition im Konstruktionsprozess zuließ.

In der Bundesrepublik war die Zeit der größten Fortschritte bei der Entwicklung der Konstruktionsmethodik die Zeit zwischen 1965 und 1980. Dabei lassen sich nach Heymann (Heymann, 2005) drei Entwicklungsrichtungen erkennen.

- „Strikte" Methodik: Dieser Ansatz geht davon aus, dass dem Konstruieren eine geschlossene, wissenschaftliche und damit objektivierbare Theorie zugrunde liegt. Hauptvertreter dieses Ansatzes sind Wolfgang Rodenacker (TU München), Karl-Heinz Roth (TU Braunschweig) und Rudolf Koller (RWTH Aachen).
- „Flexible" Methodik: Bei diesem Ansatz ist nicht alles plan- und vorhersehbar. Intuitives Denken und Kreativität sind wichtige Elemente dieses Ansatzes der Konstruktionsmethodik. Ihre Hauptvertreten sind Gerhard Pahl (TU Darmstadt) und Wolfgang Beitz (TU Berlin).
- Rechneranwendung der Methoden. Hier geht es nicht um die Entwicklung von Methoden und Prozessen als solches, sondern um die Möglichkeit der Rechneranwendung von Methoden. Vertreter waren hier Hans Grabowski (TH Karlsruhe), Herwart Opitz und Walter Eversheim (beide RWTH Aachen).

Letztlich offen bleibt aber bis heute die Frage, inwieweit und wie stark Intuition das Vorgehen beim Konstruieren beeinflusst oder ob Konstruktionsarbeit vollständig algorithmierbar und damit objektive sein kann.

Neben den Ansätzen zur Systematisierung der Lösung von Konstruktionsaufgaben in Deutschland gab es solche Ansätze auch in anderen Ländern, so beispielsweise in den USA mit (Fish, 1950) und (Asimow, 1962). Gerade auch in den USA wurden Vorgehensweisen zur Nutzung bei der Produktentwicklung entwickelt, die heute noch sehr weit verbreitet sind und sogar an Bedeutung gewinnen wie Value Engineering und Systems Engineering. Value Engineering noch heute als Hilfsmittel zur ökonomischen aber vermehrt auch ökologischen Entwicklung von Produkten, Systems Engineering zur bessern Beherrschung der erforderlichen Interdisziplinarität bei der Entwicklung von intelligenten technischen Produkten, hier insbesondere der Ansatz des modellbasierten Systems Engineering (MBSE).

Sicher muss bei den unterschiedlichen Ansätzen unterschieden werden, ob es sich um die Neuentwickelung eines Produktes handelt, die Entwicklung einer Produktvariante oder die Weiterentwicklung eines Produktes. Die Varianten- und Weiterentwicklung von Produkten wird sich wahrscheinlich für spezifische Arten von Produkten algorithmieren lassen. Bei der Neuentwicklung dürfte dieses deutlich schwieriger sein.

Was aber auch bei der Konstruktionsmethodik unbeantwortet bleibt ist die Frage nach der, aus Kundensicht, optimalen Lösung der Entwicklungsaufgabe. Die Konstruktionsmethodik liefert einen Weg, ausgehend von der Aufgabenstellung hin zu Lösungen, aber nicht zwangsläufig hin zu der optimalen Lösung, aus Sicht der Kunden:innen. Gefundene Lösungen werden zwar anhand der Anforderungserfüllung bewertet, aber zum einen ergibt sich für die Bewertung auch die Frage der Objektivität und zum anderen natürlich auch, inwieweit die als Bewertungskriterium dienenden Anforderung wirklich das wiederspiegeln, was die Bedürfnisse der Kunden sind.

Mit dem in vielen Bereichen aufkommenden Thema der Künstlichen Intelligenz (KI) und dem Einsatz von KI-Tools dürfte aber die Diskussion, inwieweit die Entwicklungs- und Konstruktionsarbeit durch Algorithmen ausgeführt werden kann, wieder intensiver geführt werden. Wahrscheinlich könnten Algorithmen wohl deutlich schneller Produktvarianten entwickeln und dann in direkter Kopplung mit flexiblen Produktionseinrichtungen auch produzieren, als menschliche Entwickler:innen dieses können.

Im Endeffekt bleibt dann die Frage, welche die ganze Entwicklung der Konstruktionsmethodik begleitet hat: Braucht die Entwicklung eines guten Produktes Intuition? Dieses führt dann auf die grundlegende Frage: Können Algorithmen intuitiv sein? Eine Frage, die vielleicht in den nächsten Jahren beantwortet werden kann. Die meisten technischen Objekte (Produkte) bestehen heute aus mechanischen Elementen, die konstruiert werden, sowie elektronischen Elementen und Software. Die sich im Zusammenhang mit der Konstruktion ergebenden Fragen gelten entsprechend auch für diese Produkte.

Objektivierung des Entwicklungshandeln durch Nutzung von Modellen

6

Wie aber kann eine Lösung für die beschriebenen Probleme aussehen, um ein Produkt zu entwickeln, welches die Kundenbedürfnisse erfüllt? Und wie kann es gelingen, vorhandene Denkstile in der Entwicklungsorganisation aufzubrechen?

Wie gezeigt, weicht bei vielen Produkten das, was die Kunden:innen gerne hätten und das, was ihnen die letztlich als Produkt angeboten wird, voneinander ab, Abb. 6.1. Um sicherzustellen, dass ein in der Entwicklung befindliches Produkt letztlich die Bedürfnisse der Kunden:innen erfüllt, bedarf es schon während eines Produktentwicklungsprojektes immer wieder Rückmeldungen der Kunden:innen an die Entwickler:innen, inwieweit mit dem in der Entwicklung befindlichen Produkt die Kundenbedürfnisse tatsächlich getroffen werden. Wie bei einem zeitdiskreten Regelkreis, Abb. 6.2, sind für die Produktentwicklung zu bestimmten Zeitpunkten[1] Rückmeldungen der Kunden:innen erforderlich, die einen Abgleich zwischen dem Soll des Produktes aus Kundensicht und dem Ist des Produktes im aktuellem Entwicklungsstand ermöglichen.

Nun ist der Ansatz der Kundenintegration in die Produktentwicklung nicht neu. Viele Ansätze zur Kundenintegration in unterschiedlichen Stufen des Entwicklungsprozesses werden in der Literatur beschreiben. Allerdings ist das Verständnis, was mit Kundenintegration gemeint ist, sehr unterschiedlich und umfasst eine Spanne von:

- Befragung der Kunden:innen nach ihren Anforderungen vor Beginn der Entwicklung ohne weitere Einbindung bis zu einer
- aktiven Einbindung von Kunden:innen in den Entwicklungsprozess.

[1] Der zeitliche Abstand dieses Soll-Ist-Vergleichs kann dabei äquidistant sein, wenn beispielsweise bei der Entwicklung agile Vorgehensweisen mit gleichlangen Sprints genutzt werden. Allerdings ist dieses nicht zwingend.

W. Engeln, *Modellbasierte Produktentwicklung*, essentials,
https://doi.org/10.1007/978-3-658-38535-4_6

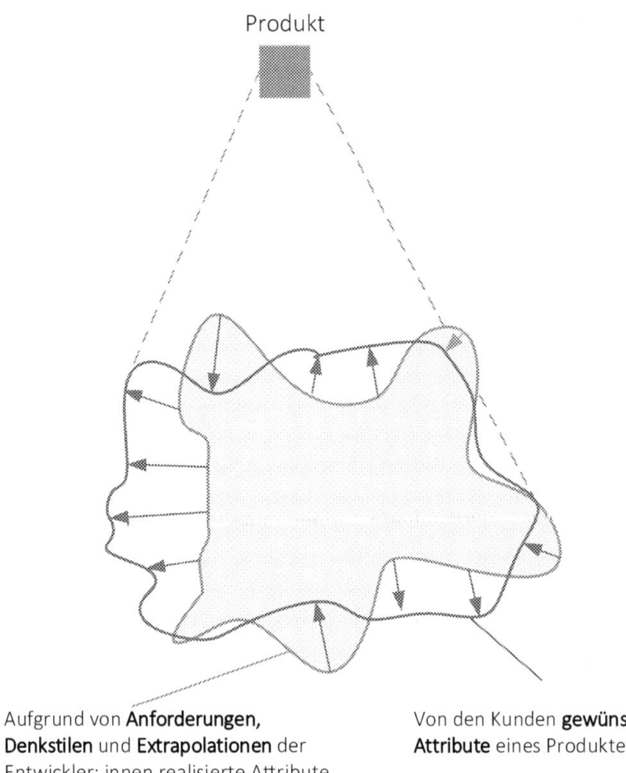

Abb. 6.1 Abweichung zwischen den von den Kunden:innen gewünschten Attributen eines Produktes und durch die Entwicklungsorganisation im Produkt realisierten Attributen

Der Ansatz des Regelkreises funktioniert natürlich nur mit der aktiven Einbindung der Kunden:innen in den Entwicklungsprozess.

Und damit es die gewünschten Rückmeldungen der Kunden:innen geben kann, bedarf es zur Unterstützung der Kommunikation zwischen Kunden:innen und Entwickler:innen geeigneter Artefakte in Form von Modellen des in der Entwicklung befindlichen Produktes. Die Modelle müssen den Kunden:innen eine möglichst umfängliche Wahrnehmung des Produktes in verschiedenen Stadien der Entwicklung ermöglichen, bevor das Produkt letztlich vollständig entwickelt in den Markt kommt.

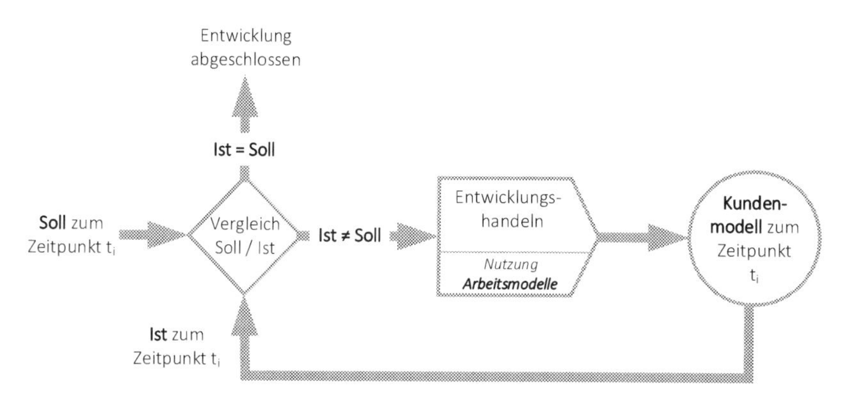

Abb. 6.2 Abgleich zwischen dem Soll der Kundenbedürfnisse und dem aktuellen Entwicklungsstand eines Produktes

Da ein Produkt, wie Eingangs beschreiben, sehr unterschiedliche Kunden:innen haben kann, für die auch unterschiedliche Eigenschaften des Produktes wichtig sind, so kann es notwendig sein, unterschiedlichen Modelle zu nutzen.

6.1 Grundelemente der Modelltheorie

Bevor die Nutzung von Modellen zur Kommunikation mit den Kunden:innen beschreiben wird, zuerst ein kurzer Blick in die Modelltheorie.

Stachowiak (Stachowiak, 1973) definiert den Modellbegriff wie folgt:

Übersicht

Das deutsche Wort Modell besitzt ursprünglich, d. h. vor der neuerlichen Erweiterung und Präzisierung seines Begriffsinhalts, dieselbe Bedeutung wie seine Übersetzungsäquivalente modele und modello, und zwar sowohl im physiko-technischen wie im künstlerischen Bereich mit der bekannten zweifachen Doppelbedeutung:

1. *Modell als a)* ***Abbild*** *von etwas sowie als b)* ***Vorbild*** *für etwas,*

2. *Modell als c)* ***Repräsentation*** *eines bestimmten Originals (im Sinne von a) und b)) sowie d) in Malerei und Plastik, vom vorgenannten Wortgebrauch abweichend, als weibliches oder männliches Individuum, an dem sich die künstlerische Nachbildung eines Menschen (der nicht unbedingt mit dem „Modell-Stehenden" identisch zu sein oder überhaupt wirklich zu existieren braucht) orientiert.*

Danach ist ein Modell durch drei Hauptmerkmale gekennzeichnet:

Abbildungsmerkmal: *Modelle sind stets Modelle von etwas, nämlich Abbildungen, Repräsentationen natürlicher oder künstlicher Originale, die selbst wieder Modelle sein können.*

Verkürzungsmerkmal: *Modelle erfassen im Allgemeinen nicht alle Attribute des durch sie repräsentierten Originals, sondern nur solche, die den jeweiligen Modellerschaffern und/oder Modellbenutzern relevant scheinen.*

Pragmatisches Merkmal: *Modelle sind ihren Originalen nicht per se eindeutig zugeordnet. Sie erfüllen ihre Ersetzungsfunktion*

a) *für bestimmte – erkennende und/oder handelnde, modellbenutzende – Subjekte,*
b) *innerhalb bestimmter Zeitintervalle und*
c) *unter Einschränkung auf bestimmte gedankliche oder tatsachliche Operationen*

Im Zusammenhang mit den Modellen sind für Stachowiak die beiden Begriffe Attribute und Prädikate wichtig, die er wie folgt beschreibt:

Unter ***Attributen***[2] *sind Merkmale und Eigenschaften von Individuen, Relationen zwischen Individuen, Relationen zwischen Individuen, Eigenschaften von Eigenschaften, Eigenschaften von Relationen usw. zu verstehen* (Stachowiak, 1973).

Die den Attributen als sprachliche Repräsentanten zugeordneten Symbolisierungen heißen ***Prädikate*** *(Stachowiak, 1973).*

[2] Bei Konstruktionsgebilden und technisch herzustellenden Objekten finden neben Attributen, die die betreffenden Gegenstände zustandsgemäß beschreiben, besonders auch Attribute Verwendung, die durch Konstruktion und Herstellungsanweisungen gegeben sind (Stachowiak, 1973, S. 135).

Da Modelle in fast allen Lebensbereichen genutzt werden, gibt es natürlich auch sehr viele unterschiedliche Arten von Modellen. In Tab. 6.1 sind die unterschiedlichen Modellarten, wie sie von Stachowiak (Stachowiak, 1973) gegliedert werden, dargestellt.

Die von Stachowiak genannten Modellarten sollen noch ergänzt werden um *sprachliche Modelle,* die in der Produktentwicklung gerade zu Beginn genutzt werden, mit deren Hilfe

- die Anforderungen an ein Produkt mittels Sprache formuliert werden oder, um
- mögliche Kunden:innen (Byer Personas) des Produktes zu beschreiben.

Neben dieser grundsätzlichen Gliederung der Modelle beschreibt Stachowiak noch eine Untergliederung, die sich am Zweck der Modelle orientiert, Tab. 6.2. Diese Unterteilung der Modelle ist durchaus auch für die Technik nutzbar.

In der Literatur finden sich neben der hier dargestellten Klassifizierung von Stachowiak eine Vielzahl weiterer unterschiedlicher Klassifizierungen von Modellen. Einen guten Überblick für in der Betriebswirtschaftslehre und den Ingenieurwissenschaften verwendeten Modelle findet sich in (Bandow & Holzmüller, 2010).

Für die Betrachtungen im Zusammenhang mit der Produktentwicklung soll hier eine etwas andere Unterteilung der verwendeten Modelle vorgenommen werden, Tab. 6.3. Der Fokus liegt bei den weiteren Betrachtungen auf den in der Tabelle mit Kundenmodelle bezeichneten Modellen.

Bei der Entwicklung von physischen Produkten unterscheiden sich in der Regel mit fortschreitender Entwicklung die Art der Kundenmodelle und die wahrnehmbaren Attribute. (Abb. 6.3)

- *Sprachmodelle:* sprachliche Formulierung der Anforderungen an das Produkt oder sprachliche Beschreibung möglicher Produktnutzer:innen (Byer Personas)
- *Bildmodelle:* einfache Skizzen bis hin zu dreidimensionalen digitalen Bildmodellen
- *Physiotechnische Modelle*[3]*:* einfache statische Modelle bis hin zu komplexen dynamischen Modellen, wobei auf diesem Weg sich die Materialität wie

[3] **Statisch-mechanische Modelle** sind Konfigurationen, denen keine vom Modellierenden beabsichtigten zeitlichen Veränderungen zukommen. Als Beispiele seien angeführt: der Globus als Modell der Erde, das Holz- oder Gipsmodell eines Bauwerkes, die Nachbildung (der äußeren Gestalt) eines Lebewesens, das Kunststoffmodell eines Skeletts, das Wachsmodell eines Organs, das Metallmodell des Adernsystems des menschlichen Herzens, das Stahlmodell einer Dachkonstruktion, das Modell eines Flugkörpers (für Studien im Windkanal), das Raumgittermodell eines Kristalls, das statischmechanische Demonstrationsmodell etwa

Tab. 6.1 Modellarten nach (Stachowiak, 1973)

Grafische Modelle	Bildmodelle	Bildliche Abbildung
		Teilschematische Abbildungen
		Vollschematische Abbildungen
	Darstellungsmodelle	Diagramme
		Darstellungsgraphen
		Flussdiagramme
Physiotechnische Modelle	Mechanische Modelle	Statisch mechanische Modelle
		Dynamisch mechanische Modelle
	Elektrotechnische Modelle	Elektromechanische Modelle
		Elektronische Modelle
		Elektrochemische Modelle
Bio-, psycho- und soziotechnische Modelle	Biotechnische Modelle	
	Psycho- soziotechnische Modelle	
Semantische Modelle	Testkreis- und Diskussionskreis	
	Modell-Original-Vergleiche und Ordnungseigenschaften	
Nicht-szientifische Modelle	Vorwissenschaftlich-deklarative Modelle	
	Poetische Modelle	
	Metaphysische Modelle	
Szientifische semantische Modelle	Formale Modelle	
	Empirische Theoretische Modelle	
	Operative und prospektive Modelle	

Tab. 6.2 Unterschiedliche Modelle und deren Zweck (Stachowiak, 1973)

Modell	Zwecke
Demonstrationsmodelle	Veranschaulichung von Zusammenhängen
Experimentalmodelle	Ermittlung und Überprüfung von Hypothesen
Theoretische Modelle	Vermitteln in logisch, bündiger Form Erkenntnisse und Sachverhalte
Operative Modelle möglicher Zielaußenwelten	Entscheidung- und Planungshilfen
Modelle von Originalen	Vergrößerung oder Verkleinerung
	Veranschaulichung
	Originale weit entfernt oder nur mit großer Gefahr zugänglich
	Unübersichtliches oder verwinkeltes Gesehen
	Mannigfaltigkeit von Beschaffenheit auf einige wesentliche Grundzusammenhänge zurückführen

auch der Abbildungsmaßstab im Vergleich zum gedachten fertigen Produkt (Original) verändern kann.

Sprach- und Bildmodelle, letztere insbesondere in digitaler Form, werden heute standardmäßig bei der Produktentwicklung eingesetzt. Auf physiotechnische Modelle glaubt man durch immer aufwendigere digitale Modelle (Bildmodelle) mehr und mehr verzichten zu können. Bildmodelle lassen allerdings nur eine visuelle Wahrnehmung von Objekten zu. Insbesondere die Vorstellung über die wahren Abmessungen eines Produktes sind bei Bildmodellen, auch bei dreidimensionalen digitalen Modellen, schwierig.

Gerade für die Kundenkommunikation sind deshalb bei physischen Produkten die physiotechnischen Modelle wichtig. Und ganz besonders dann, wenn die visuelle Wahrnehmung des Produktes nur einen begrenzten Anteil der

---

des Uranium 235-Atoms, der Reliefabdruck eines menschlichen Gesichts, die Skulptur einer menschlichen Gestalt und vieles andere mehr (Stachowiak, 1973, S. 176).

Von den statisch-mechanischen Modellen gelangt man als nächstes zu den **dynamisch-mechanischen Modellen.** Bei diesen tritt in wenigstens einem Attribut (Prädikat) die Zeit als veränderlicher Parameter auf. Zeitabhängige Modell „individuen" können z. B. als aktive Elemente fungieren, bei denen also in der Zeit sich ändernde deterministische oder stochastische Input–Output-Beziehungen vorliegen. Es können aber auch etwa Relationen zwischen zeitinvarianten Individuen zeitabhängig sein. Zahlreiche derartige Möglichkeiten sind nachweisbar (Stachowiak, 1973, S. 181).

Tab. 6.3 Klassifizierung von Modellen im Zusammenhang mit den Ausführungen zur Produktentwicklung

Modell	Zwecke im Zusammenhang mit der Produktentwicklung
Handlungsmodelle	Handlungsmodelle sind Handlungspläne, die im Vorfeld festgelegten Arbeitsschritte beschreiben, die aus der Sicht einer Gruppe von Personen oder einer einzelnen Person notwendig sind, um das Produkt zu entwickeln. Handlungsmodelle können bezogen auf die Produktentwicklung beschriebene Produktentwicklungsprozesse oder Projektpläne sein *Handlungspläne (…) dienen zum einen der interpersonalen Koordination von Handlungen, wenn das Ziel nur durch das aufeinander abgestimmte Handeln mehrerer Handelnder erreicht werden kann (…). Zum anderen dienen sie auch der intrapersonalen Koordination, … (Quante, 2020)*
Arbeitsmodelle	Arbeitsmodell sollen alle Arten von Modellen sein, die für die eigentliche Entwicklungstätigkeit genutzt werden. Die Arbeitsmodelle können entsprechend Tab. 6.2 Demonstrationsmodelle, Experimentalmodelle, Theoretische Modelle, Operative Modelle möglicher Zielaußenwelten oder Modelle von Originalen sein. Arbeitsmodelle: • Modelle, die die an der Entwicklung eines Produktes beteiligten, Fachdisziplinen für ihre fachspezifischen Zwecke im Rahmen der Entwicklungsarbeit nutzen. Zwecke können beispielsweise sein: Überprüfung von Hypothesen, Festlegung von Parametern, Durchführung von Versuchen, Veranschaulichen von Konzepten, Überprüfung der Wirtschaftlichkeit • Modelle die von mehreren, an der Entwicklung beteiligten Fachdisziplinen gemeinsam genutzt werden können • Modelle, die es den unterschiedlichen Fachdisziplinen ermöglichen, ein gemeinsames Produktverständnis zu entwickeln • Modelle, welche die Kommunikation zwischen den Personen unterschiedlicher Fachdisziplinen innerhalb eines Entwicklungsteams fördern oder diese gar erst möglich machen Arbeitsmodelle sind bei der Produktentwicklung mittlerweile sehr häufig digitale Modelle des Produktes. Dieses sind beispielsweise CAD-Modelle, Berechnungsmodelle, Simulationsmodelle, etc. Sie dienen häufig zur Beantwortung spezifischer Fragestellungen bei der Produktentwicklung Arbeitsmodelle können auch als Kundenmodelle genutzt werden und umgekehrt

(Fortsetzung)

Tab. 6.3 (Fortsetzung)

Modell	Zwecke im Zusammenhang mit der Produktentwicklung
Kundenmodelle	Kundenmodelle sollen alle Arten von Modellen sein, die für die **Kommunikation** mit den Kunden:innen genutzt werden, um die Kundenbedürfnisse und die geplanten Attribute des in der Entwicklung befindlichen Produktes abzugleichen. Sie besitzen jeweils die zum Zeitpunkt der Modellerstellung bekannten und entwickelten Attribute und gleichen sich mit jedem Modell immer mehr an die Attribute des gedachten fertigen Produktes an. Die Attribute des Modells sind jeweils auf die Zielkunden des Modells ausgerichtet
Modelle als Produkt	Modelle von Originalen mit spezifischen Attributen für spezifischen Zwecke, die als eigenständiges Produkt angeboten werden. Spezifische Zwecke können sein: Ausbildung (Beispiel Flugsimulator), Spielzeug (Beispiel Modellauto) oder auch zur Gestaltung von physischen Produkten und deren Simulation (Digitaler Zwilling). Letztere gewinnen mit zunehmender Digitalisierung an Bedeutung. Modelle als Produkt können Arbeits- oder Kundenmodelle sein oder aber spezifisch als verkaufsfähiges Produkt entwickelte Modelle sein

Produkt-Wahrnehmung ausmacht und erst durch weitere Sinne eine vollständige Wahrnehmung des Produktes ermöglicht wird. Bei vielen Produkten sind die über die visuellen Attribute hinausgehenden wichtiger, als die rein visuell wahrnehmbaren Merkmale.

6.2 Kundenmodelle der Produktentwicklung

Die Nutzung unterschiedlicher Kundenmodelle verbunden mit der engen Einbindung von Kunden:innen kann helfen, bei der Entwicklung eines Produktes die Unzulänglichkeiten der Anforderungsermittlung und -beschreibung sowie deren individuelle Interpretation und die Denkstile der Entwicklungsorganisation zu umgehen. Dazu ist es wichtig, dass Kunden:innen so früh wie möglich die Gelegenheit gegeben wird, ein in der Entwicklung befindliches Produkt umfänglich, also mit so vielen Sinnen wie entsprechend dem Entwicklungsfortschritt möglich, wahrzunehmen mit dem Ziel,

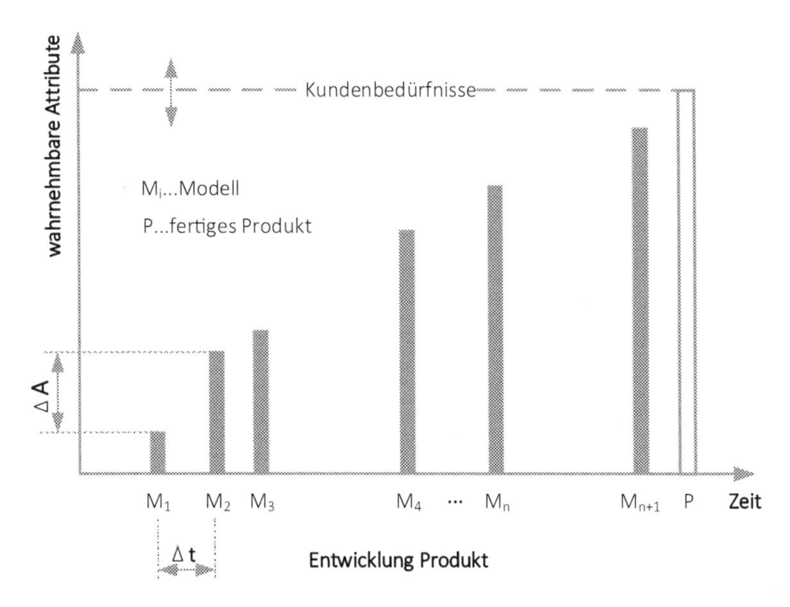

Abb. 6.3 Kundenmodelle und (beispielhaft) wahrnehmbare Attribute der Modelle über dem zeitlichen Verlauf der Entwicklung eines Produktes

- abzugleichen, ob die Attribute des in der Entwicklung befindlichen Produktes denen entsprechend, die sich Kunden:innen wünschen und so Produkte zu entwickeln, die tatsächlich die Bedürfnisse der Kunden innen treffen,
- vorhandene Denkstrukturen in einer Entwicklungsorganisation aufzubrechen, indem Kunden:innen frühzeitig die Möglichkeit bekommen, auch die Unzufriedenheit mit einer angedachten Lösung zu äußern.

6.2.1 Die Sinne des Menschen

Ein physisches Produkt spricht, abhängig von der Art des Produktes, unterschiedliche Sinne des Menschen an. Allgemein bekannt sind fünf Sinne des Menschen (Wikipedia, 07.03.2022):

- Hören – die auditive Wahrnehmung mit den Ohren (Gehör)
- Riechen – die olfaktorische Wahrnehmung mit der Nase (Geruch)
- Schmecken – die gustatorische Wahrnehmung mit der Zunge (Geschmack)

- Sehen – die visuelle Wahrnehmung mit den Augen („Gesichtsempfindung, Gesicht") [2]
- Tasten – die taktile Wahrnehmung mit der Haut (Gefühl)

In der Physiologie kennt man noch vier weitere Sinne des Menschen (Wikipedia, 07.03.2022):

- Temperatursinn – Thermorezeption
- Schmerzempfindung – Nozizeption
- Vestibulärer Sinn – Gleichgewichtssinn, über den auch Beschleunigungen erfasst werden,
- Körperempfindung, Tiefensensibilität
  - Lage- und Bewegungssinn, Propriozeption
  - Organsinne, Viszero- oder Enterozeption (unter anderem empfunden als Hunger oder Durst)

Physische Produkte sprechen immer mehrere Sinne an. Ein Produkt, beispielsweise ein Smartphone, wird letztlich:

- visuell – äußeres Erscheinungsbild des Smartphones, Größe und Qualität der Bildwiedergabe,
- auditiv – Sprach- und Musikwiedergabe über die Lautsprecher,
- taktil – wie fühlt sich das Smartphone in der Hand an,
- propriozeptorisch – Gewicht des Smartphones

wahrgenommen. Im Zusammenhang mit den menschlichen Sinnen stellt sich zwangsläufig die Frage, ob es eine Hierarchie der Sinne gibt und die in der Hierarchie wichtigeren Sinne eher für eine sprachliche Beschreibung zugänglich sind, als die weiniger wichtigen. Ist beispielsweise die visuelle Wahrnehmung dem Bewusstsein und der sprachlichen Beschreibung zugänglicher als die Wahrnehmung über andere Sinne? In (Majid et al., 2018) heißt es dazu:

> *„..that languages differ fundamentally in which sensory domains they linguistically code systematically, and how they do so."*

Das heißt, dass es von der Sprache abhängt, welche der Sinne besser sprachlich kodiert werden können, was auf kulturelle Vorlieben zurückgeführt wird.

Unterschiedliche Attribute oder Klassen von Attributen werden durch unterschiedliche Sinne wahrgenommen. Je nach Status der Produktentwicklung können aufgrund der bis dahin festgelegten Attribute des Produktes nur Modelle mit diesen Attributen entstehen. Diese lassen dann auch nur eine begrenzte Wahrnehmung des späteren Produktes zu. Mit fortschreitender Festlegung der Produkt-Attribute sind dann Modelle möglich, welche die Wahrnehmbarkeit des Produktes erweitern und mehr Sinne ansprechen.

6.2.2 User Experience

Häufig findet sich im Zusammenhang mit einer kundenorientierten Produktentwicklung der Begriff *User Experience*, weshalb dieser hier kurz erläutert wird. Der Begriff wird entsprechend der DIN (DIN EN ISO 9241-110:) wie folgt definiert:

> *„User Experience: Kombination von Wahrnehmungen und Reaktionen einer Person, die aus der tatsächlichen und/oder der erwarteten Benutzung eines Systems, eines Produkts oder einer Dienstleistung resultieren."*

Wichtig ist in diesem Zusammenhang noch die Anmerkung 2 zum Begriff User Experience in der (DIN EN ISO 9241-110:)

User Experience ist eine Folge des Markenbilds, der Darstellung, Funktionalität, Systemleistung, des interaktiven Verhaltens und der Unterstützungsmöglichkeiten eines Systems, eines Produkts oder einer Dienstleistung. Sie ergibt sich auch aus dem psychischen und physischen Zustand des Benutzers aufgrund seiner Erfahrungen, Einstellungen, Fähigkeiten, Möglichkeiten und seiner Persönlichkeit sowie des Nutzungskontextes.

Der Fokus ist hierbei aber der Nutzer und die Benutzung des Produktes. Nutzer stellen aber bei vielen Produkten nur eine Teilmenge der Kunden:innen dar, deren Bedürfnisse es zu befriedigen gibt. Es fällt im Zusammenhang mit der Verwendung des Begriffs zudem auf, dass dieser häufig nur für die definierte Schnittstelle zwischen Produkt und Nutzer verwendet wird, aber nicht für die Gesamtheit der Erfahrung mit dem Produkt.

Selbst wenn sich User Experience nur auf Nutzer:innen bezieht, so stellt sich doch die Frage, ob Nutzer:innen diese Erfahrung erst mit dem fertigen Produkt machen können oder auch schon Erfahrungen mit dem Produkt sammeln können, während das Produkt sich noch in der Entwicklung befindet? Für beide Seiten, Nutzer:innen wie auch Entwickler:innen wäre es von Vorteil, wenn die Wahrnehmung von Produktattribute möglichst frühzeitig erfolgen kann – also schon während der Entwicklung des Produktes anhand von Produkt-Modellen.

6.2.3 Beispiele für Kundenmodelle

Wie können nun Kundenmodelle aussehen? Nachfolgend sollen einige Beispiel für unterschiedliche Produkte gezeigt werden.

Bei dem in Abb. 6.4 gezeigten Kundenmodell handelt es sich um ein neuartiges Gerät zur Reinigung von Fugen unterschiedlicher Steinböden und von Randsteinen. Dabei nimmt das Gerät den entfernten Schutz auch gleichzeitig auf. Ziel bei der Entwicklung war es, die Geräteidee so schnell wie möglich durch potenzielle Kunden:innen testen zu lassen. Dazu wurde auf Basis erster grafisch dargestellter Konzepte ein Funktionsmodell gebaut. Dieses wurde aus additiv gefertigten Teilen, Holzteilen und Teilen eines Elektrorasenmähers aufgebaut. So konnten erste potenzielle Kunden:innen die Idee und die Funktionsweise des neuen Gerätes schon sehr früh im Entwicklungsprojekt testen und Rückmeldungen an die Entwickler:innen geben.

Abb. 6.5 zeigt, wie verschiedene Modelle bei der Realisierung eines Küchenmessers verwendet wurden. Beginnend mit einer ersten Skizze, wie das Messer aussehen könnte, wurden verschiedene physische Modelle des Messers gefertigt, um zu testen, wie das Messer in der Hand liegt, ob damit die Kraft richtig aufgebracht werden kann und ob die Schnittbewegung zur geplanten Nutzung des Messers passt. Die letzte Darstellung zeigt dann das fertige Messer. Bei einem

Abb. 6.4 Modell eines neuartigen Gerätes zur Fugen- und Randsteinreinigung

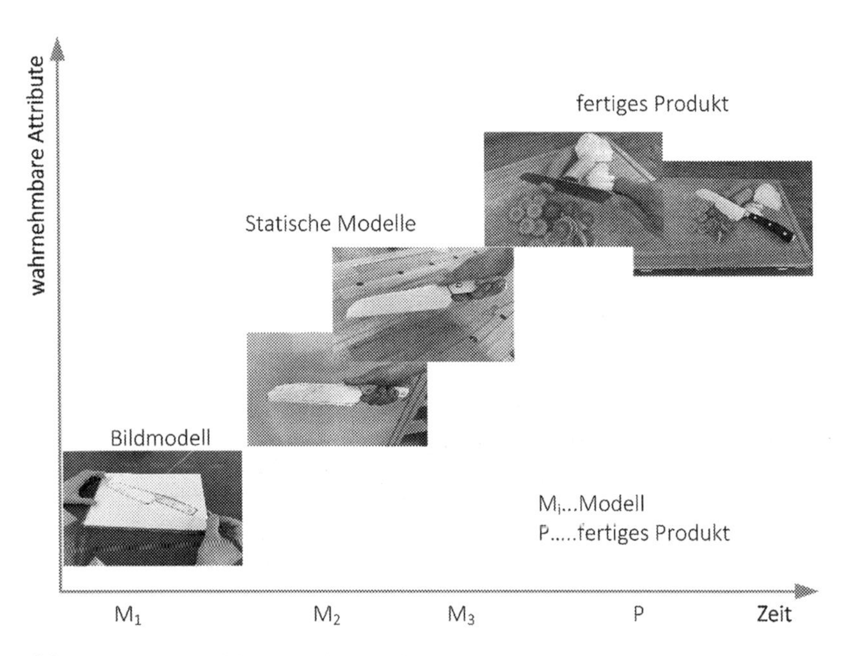

Abb. 6.5 Kundenmodelle und (beispielhaft) wahrnehmbare Attribute der Modelle über dem Entwicklungsfortschritt

solchen Produkt lassen sich die einzelnen Modellphasen relativ schnell durchlaufen. Ist dann die geeignete Form gefunden, so erfolgt die Fertigung des Messers, die aufgrund eines komplexen Prozesses einige Tage in Anspruch nehmen kann.

In Abb. 6.6 wird das 1:1 Modell einer neuen Montagelinie gezeigt. Das Modell diente dazu, vor der Beschaffung der Komponenten der Montagelinie:

- den späteren Mitarbeiter:innen der Linie das Konzept der Linie vorzustellen,
- mit diesen Optimierungen zu besprechen,
- Ausstattung und Ergonomie der Arbeitsplätze zu optimieren,
- das Logistikkonzept für die Montagelinie zu erproben und so optimal an den Bedarf anzupassen.

Die Montagelinie war auf der Basis betrieblicher Anforderungen, zu denen auch die Anforderungen der Mitarbeiter:innen gehörten, geplant worden. Aber erst durch die aufgebaute Modell-Montagelinie bekamen die Mitarbeiter:innen eine

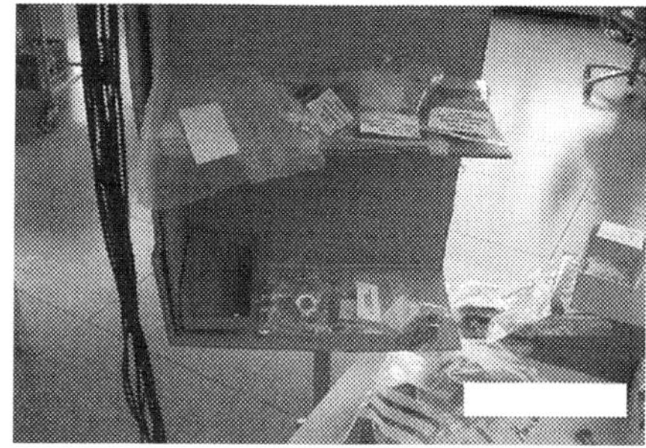

Abb. 6.6 1:1 Holz- und Pappmodell einer neuen Montagelinie

konkrete Vorstellung von der Linie und konnten die verschiedenen späteren Arbeitsschritte direkt am aufgebauten Modell testen. So konnte die Linie schon im Vorfeld teurer Beschaffungen optimiert, die spätere Inbetriebnahme der finalen Linie signifikant verkürzt und die Beschaffung falscher Linienelemente vermieden werden. Gleichzeitig konnte die Zufriedenheit der Mitarbeiter:innen durch die Einbindung bei der Liniengestaltung deutlich erhöht werden.

Abb. 6.7 zeigt ein in der Entwicklung befindliches neuartiges E-Bike, welches insbesondere älteren Radfahrerinnen und Radfahrern mehr Sicherheit bieten soll. Die Anforderungen an das neue Sicherheitssystem wurden vor Beginn der Entwicklung definiert. Aber ob Radfahrer:innen der Zielgruppe tatsächlich ein größeres Gefühl der Sicherheit verspüren, kann letztlich nur ermittelt werden, in dem potenziellen Kunden:innen so früh wie möglich mit einem Modell des neuartigen E-Bikes fahren können, auch lange bevor das E-Bike in den Markt kommt.

In Abb. 6.8 ist ein sehr frühes Modell einer neuartigen Leiter mit Standsicherheitsüberwachung zu sehen. Das gezeigte Modell soll den Kunden:innen erst

Abb. 6.7 Modell eines E-Bikes zur Erprobung neuer Sicherheitsfunktionen

einmal das Konzept der Leiter vorstellen und das mögliche Aussehen der Leiter. Die Leiter ist ein gutes Beispiel dafür, wo die rein optische Wahrnehmung, auch des 3D Modells, keine Wahrnehmung wichtiger Attribute der neuen Leiter ermöglicht. Fühlen sich die Kunden:innen auf der neuen Leiter bei Benutzung wirklich sicherer? Ein sicheres Gefühl bei der Nutzung der Leiter kann als Anforderung formuliert werden. Aber wie wird die Anforderung quantifiziert? Wirklich überprüft werden kann die Anforderung nur dann, wenn Kunden:innen die Leiter erstmals nutzen können. Sollten erst dann, wenn die neue Leiter im Markt ist, die Kunden:innen bei der Benutzung doch kein Gefühl von mehr Sicherheit haben, so hat das Unternehmen viel Geld in die Entwicklung und den Aufbau der Produktion investiert, für ein Produkt, das eine zentrale Anforderung nicht erfüllt. Ziel muss es also sein, während der Entwicklung frühzeitig ein Leitermodell zu realisieren anhand dessen die Kunden:innen tatsächlich erproben können, ob die Leiter ihnen bei der Nutzung tatsächlich ein Gefühl größerer Sicherheit vermittelt.

Das Beispiel in Abb. 6.9, zeigt ein 1:1 Holzmodell einer Bearbeitungsmaschine. Mit Hilfe eines solchen Modells lassen sich für Kunden:innen aber auch für alle an der Entwicklung beteiligten Personen aus unterschiedlichen Fachdisziplinen im Projekt die:

- Dimensionen und Platzverhältnisse der Maschine erkennen, die
- Einsehbarkeit in die Maschine überprüfen, die
- die sinnvolle Anbringung von Anzeige- und Bedienelementen zusammen mit Kunden:innen erproben und finale ihre Anbringung zu entscheiden und die

Abb. 6.8 1:50 Modell einer neuen Leiter mit integrierter Standsicherheitsüberwachung

Abb. 6.9 Holzmodell als Kundenmodell einer Bearbeitungsmaschine

- Zugänglichkeit zu unterschiedlichen Bereichen der Maschinen nicht nur optisch zu sehen, sondern auch testen. So kann beispielsweise getestet werden, wie die Zugänglichkeit der Maschine ist, ob Bereiche der Maschine, die zur Wartung und zum Austausch von Teilen erreicht werden müssen, erreichen werden können, die Standsicherheit auf der Maschine gewährleistet ist und vieles weitere.

Ein solches Modell kann nach und nach mit Elementen ergänzt werden, beispielsweise durch solche, die mittels Additiven Fertigungsverfahren hergestellt wurden. So kann das Modell schnell mit neuen Attributen versehen werden.

6.3 Auswahl von Kunden:innen zur modellorientierten Produktentwicklung

Eine wichtige Frage bei diesem Ansatz der Nutzung von Modellen zur sicheren Erfüllung der Kundenbedürfnisse ist die Frage nach den Kunden:innen, die in den Prozess eingebunden werden. Ist ein Produkt nur für wenige Kunden bestimmt, so ist es einfach möglich, all diese Kunden einzubinden. Ist ein Produkt für einen größeren Markt bestimmt, so können nicht alle Kunden in einen modellorientierten Produktentwicklungsprozess einbezogen werden. Welche Kunden sollten nun mit einbezogen werden? Eine sinnvolle Möglichkeit ist die Fokussierung auf sogenannte Lead User. Das Lead User Konzept wurde von Erich von Hippel entwickelt (Hippel, 1988) (Abb. 6.10).

Lead User sind nach von Hippel durch die folgenden Merkmale gekennzeichnet. Sie …

- …sind mit den heutigen Lösungen unzufrieden.
- …sind in der Lage, eine genaue Einschätzung ihrer Bedürfnisse zu liefern.
- …entwickeln Bedürfnisse Monate oder Jahre früher als die Masse der Kunden:innen.
- …verfügen über überdurchschnittliches Produktwissen.
- …verfügen über ein hohes Potenzial, um kreative Produktideen zu entwickeln.

Vor der möglichen Einbeziehung besteht der Aufwand darin, Lead User zu identifizieren, was unbedingt systematisch erfolgen muss. Allerdings ist es häufig so, dass einmal identifizierte Lead User durchaus für mehrere Projekte in Frage kommen können und das identifizierte Lead User aufgrund ihrer Kontakte wiederum den Weg zu weiteren Lead Usern öffnen.

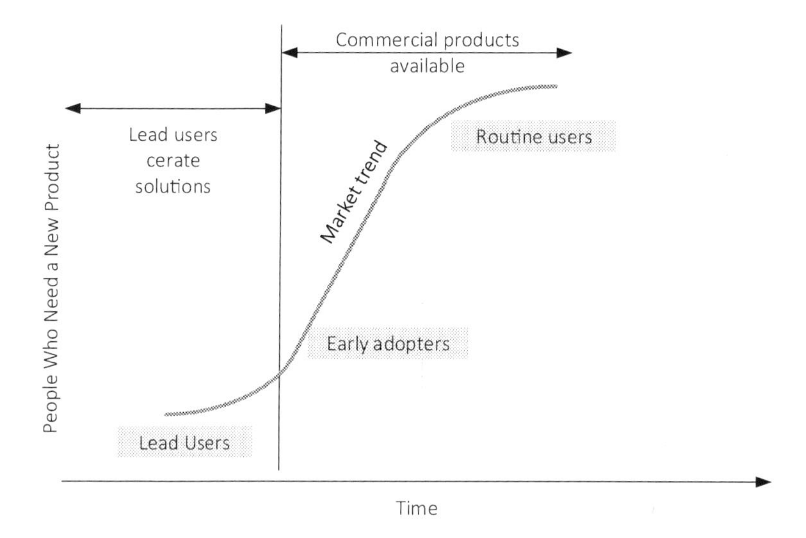

Abb. 6.10 Lead Users und ihre Bedürfnisse vom Vergleich zu anderen Kunden. (In Anlehnung an: Hippel et al., 1999)

6.4 Methodische Unterstützung einer modellbasierten Produktentwicklung

Auch die beschriebene kundenorientierte Entwicklung von Produkten unter Anwendung von Modellen bedarf einer methodischen Unterstützung, damit:

- die „richtigen" Fragen zu den Modellen gestellt werden,
- die Rückmeldungen der Kunden:innen zu den Modellen systematisch erfasst werden,
- die Rückmeldungen richtig ausgewertet, interpretiert und umgesetzt werden können.

Berücksichtigt werden müssen die spezifischen Merkmale der

- einbezogenen Kunden:innen (Gewöhnung), der
- einbezogenen Personen der Entwicklungsorganisation (Gewöhnung), sowie die
- spezifische Situation (Umgebung, Modell).

Um dieses zu gewährleisten sind insbesondere Methoden aus der Psychologie und den Sozialwissenschaften notwendig. Einen Leitfaden mit einem Überblick über geeignete Methoden und deren Anwendung findet sich in (Fotler et al., 2021).

6.5 Nutzen von Kundenmodelle für Entwickler:innen und die Entwicklungsarbeit als solche

Durch den beschriebenen Ansatz einer direkten Integration von Kunden:innen in den Entwicklungsprozess und der Verwendung von Modellen als zentralem Medium der Kommunikation ergeben sich folgende positive Effekte:

- Der beschriebene Ansatz bringt Kunden:innen und Entwickler:innen wieder näher zusammen. Die durch die Arbeitsteilung in den Unternehmen über viele Jahrzehnte immer größer gewordene Distanz zwischen der Tätigkeit von Entwickler:innen einerseits und den Kunden:innen andererseits wird auf diese Weise wieder verringert. So wird die Isolierung der Entwicklungsarbeit vom dem, was die Kunden:innen wirklich wollen, wieder aufgehoben.
- Entwickler:innen können den Kunden:innen direkt ihre Ideen vermitteln und bekommen direkt von den Kunden:innen eine Rückmeldung zu ihrer Arbeit.
- Der direkte Kontakt und die direkte Auseinandersetzung mit den Kunden:innen kann dazu beitragen, etablierte Denkstile in der Entwicklungsorganisation und den weiteren, an der Produktentwicklung beteiligten Organisationseinheiten im Unternehmen, aufzubrechen.
- Bereicherung des Arbeitserlebnisses von Entwickler:innen und dadurch eine bessere Motivation.

Und letztendlich soll mit dieser Vorgehensweise erreicht werden, dass die entwickelten Produkte die Bedürfnisse befriedigen, die tatsächlich bei den Kunden:innen vorhanden sind.

7 Handlungsmodell einer modellorientierten Produktentwicklung

Welches der für die Produktentwicklung bekannten Handlungsmodelle passt nun zu einer modellorientierten Produktentwicklung und wie muss dieses Modell gegebenenfalls angepasst werden?

Am besten zu dem Ansatz der modellbasierten Produktentwicklung passt das Spiralmodell. Es wurde ursprünglich für die Softwareentwicklung entwickelt und 1986 von Boehm vorgestellt (Boehm, 1986). Weiterentwicklungen des Modells in Richtung Entwicklung technischer Produkte finden sich in (Eppinger, 2006; Engeln, 2019).

Startpunkt der Entwicklung eines Produktes nach diesem Modell, Abb. 7.1; sind hierbei auch die ermittelten und dokumentierten Anforderungen an das Produkt oder ein erstes Grobkonzept. Auf dieser Basis werden erste Konzepte des Produktes erarbeitet und in ersten Modellen, meist in Form einfacher grafischer Modelle, dargestellt, um es den Kunden:innen vorzustellen. Die Kunden:innen bekommen so eine erste Vorstellung davon, wie sich die Entwicklerinnen und Entwickler das Produkt vorstellen. Die grafisch festgehaltenen Vorstellungen der Entwickler:innen, die auf Grundlage der gegebenen Informationen sowie vorhandener unternehmensinterner und –externer Randbedingen entstanden sind, können jetzt mit den Kunden:innen und diskutiert werden, um die Vorstellungen abzugleichen und Anforderungen zu ergänzen, zu streichen oder anzupassen.

Mit den angepassten Anforderungen beginnt jetzt die nächste Schleife, die wiederum in einem grafischen Modell oder, je nach Produkt, schon in einem ersten einfachen 3D-Modell mündet. Dieses Modell wird wiederum mit den Kunden:innen diskutiert und Änderungswünsche werden aufgenommen.

So wird das Produkt von Modell zu Modell entwickelt bis zu einem Reifegrad, der aus **Kundensicht** ausreichend ist, um das Produkt in den Markt zu bringen.

W. Engeln, *Modellbasierte Produktentwicklung*, essentials,
https://doi.org/10.1007/978-3-658-38535-4_7

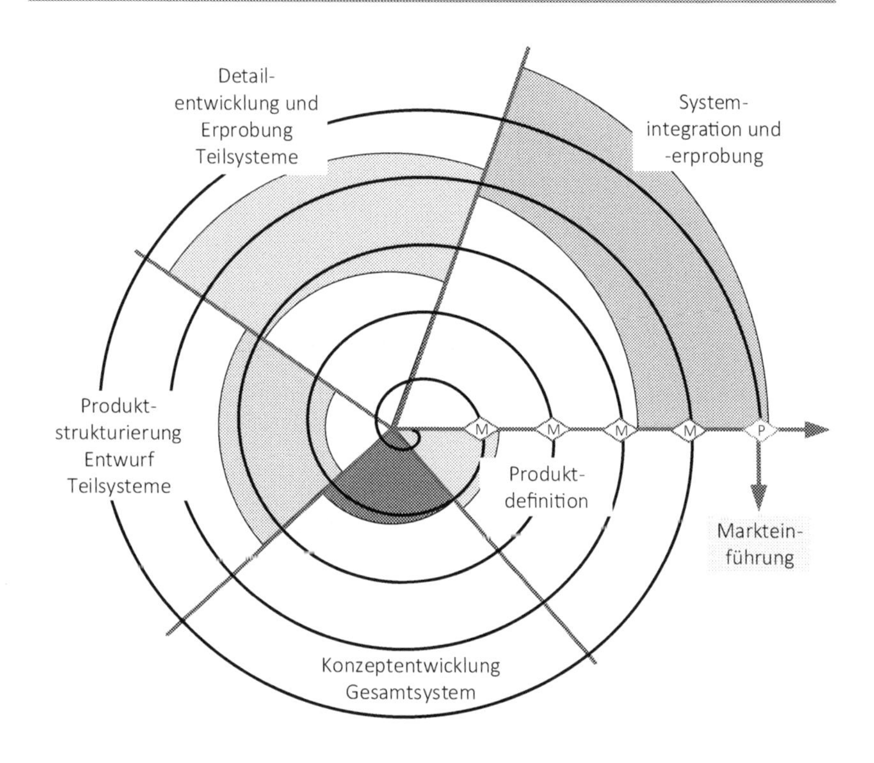

Abb. 7.1 Spiralmodell für als Handlungsmodell einer modellbasierten Produktentwicklung

Je nach Art des Produktes und der genutzten Vorgehensweise für die Entwicklung kann die Dauer einer Schleife bis zum nächsten Modell Stunden, Tage oder Wochen betragen.

Nachfolgende Modelle besitzen immer ein mehr an Attributen, technische und ästhetische, bis ein Modell vorhanden ist, welches sich die Kunden:innen zur Befriedigung ihrer tatsächlichen Bedürfnisse wünschen. Die schrittweise zunehmende Zahl an Attributen erlaubt es den Kunden:innen auch, immer mehr Attribute wahrzunehmen und zu entscheiden, ob diese ihren Vorstellungen entsprechen. Ein Produkt kann dann in den Markt gebracht werden, wenn es den Wünschen der involvierten Kunden:innen entspricht.

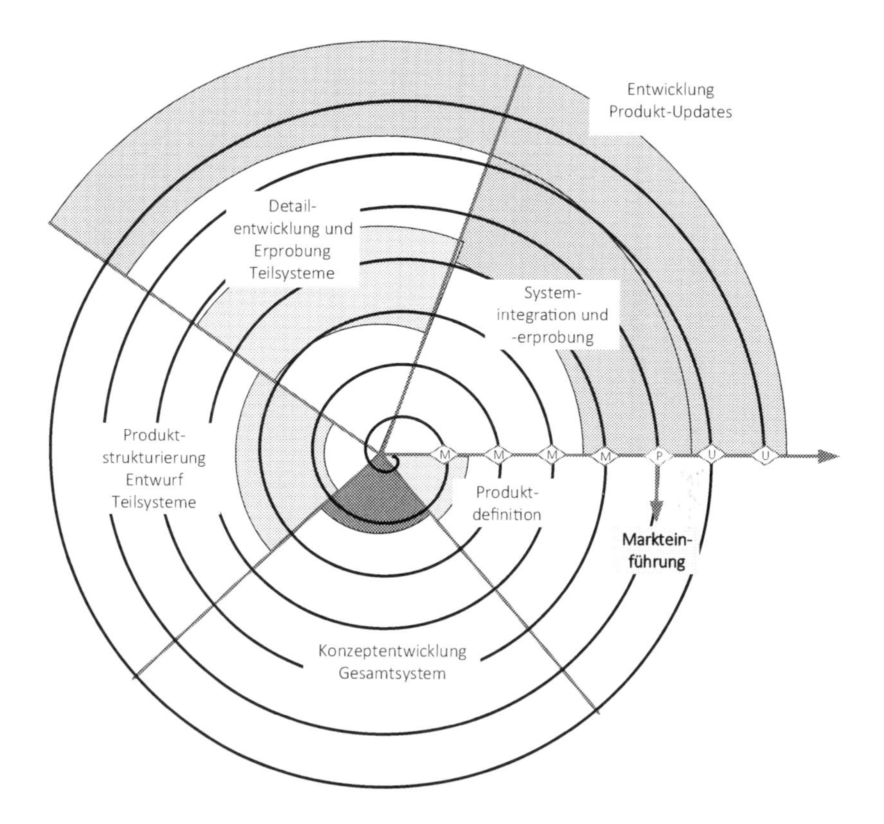

M...Modell; P...Produkt; U...Produkt-Update

Abb. 7.2 Erweitertes Spiralmodell zur Entwicklung von Produkt Updates

Es ist anhand dieses Handlungsmodells möglich, sehr schnell zu erkennen, ob und wie schnell Modelle und Vorstellungen der Kunden:innen konvergieren und damit, wie der Entwicklungsfortschritt im Projekt ist. Die Modelle sind somit auch gleichzeitig ein Hilfsmittel zur Steuerung des Entwicklungsprojektes.

Das Spiralmodell ermöglicht zudem eine Erweiterung des Produktentwicklungsprozesses, Abb. 7.2. In der Zukunft dürfte es immer mehr Produkte geben, die kontinuierlich weiterentwickelt werden, auch wenn sie sich schon im Markt befinden. Die schon im Markt befindlichen Produkte werden kontinuierlich mit neuen Attributen ausgestattet. Die Produkte können so lange Zeit aktuell bleiben.

Es gibt also keine festen Zeitpunkte mehr, zu denen jeweils ein neues Produktrelease in den Markt kommt. Insbesondere Produkte, bei denen ein Teil der Funktionalität mittels Software realisiert wird, erhalten Updates Over-the-Air. Produkte bleiben so technisch aktuell, Kunden:innen können neue Funktionen für ihre Produkte erhalten oder sich ihre Produkte individualisieren. So wird auch die Lebensdauer der Produkte verlängert.

Die Entwicklung eines Produktes ist dann nicht mit dem Übergang in die Produktion abgeschlossen, sondern geht darüber hinaus, was sich mit Hilfe des Spiralmodells auch entsprechend abbilden lässt.

Was Sie aus diesem *essential* mitnehmen können

- Ein Verständnis dafür, welche Probleme dabei bestehen, Kundenanforderungen objektiv der Produktentwicklungsorganisation eines Unternehmens bereitzustellen
- Das Entwicklungsorganisationen von Denkstilen geprägt sind, die eine objektive Umsetzung der Kundenanforderungen in Produkte beeinflussen
- Einen kurzen Einblick in die Modelltheorie
- Wie physische Modelle genutzt werden können, um Kundenanforderungen objektiver in Produkte umzusetzen
- Eine kurze Beschreibung des Spiralmodells als mögliches Prozessmodell einer modellbasierten Produktentwicklung

W. Engeln, *Modellbasierte Produktentwicklung*, essentials,
https://doi.org/10.1007/978-3-658-38535-4

Literatur

Amerland, A. (2014). Woran Produkteinführungen scheitern. https://www.springerprofessional.de/produktmanagement/produkteinfuehrung/woran-produkteinfuehrungen-scheitern/6597650. Zugegriffen: 23. Sept. 2021.

Asimow, M. (1962). *Introduction to design.* Prentice-Hall (Prentice-Hall series of engineering design. Fundamentals of engineering design). http://catalog.hathitrust.org/api/volumes/oclc/1417138.html.

Autor, D. H. (2014). *Polanyi's paradox and the shape of employment growth.* Cambridge, Mass. (NBER working paper series, 20485)

Bandow, G., & Holzmüller, H. H. (Hrsg.). (2010). *„Das ist gar kein Modell!". Unterschiedliche Modelle und Modellierungen in Betriebswirtschaftslehre und Ingenieurwissenschaften* (1. Aufl). Gabler.

Block, L., Binz, H., & Roth, D. (2021). Extrapolation of objectives in product development under uncertainty. In H. Binz, B. Bertsche, D. Spath, & D. Roth (Hrsg.), *Stuttgarter Symposium für Produktentwicklung SSP 2021.* Stuttgart, 20. Mai 2021, Wissenschaftliche Konferenz.

Boehm, B. W. (1986). A spiral model of software development an enhancement. *ACM SIGSOFT Software Engineering Notes, 11*(4), 14–24.

DIN EN ISO 9241-110: Ergonomie der Mensch-System-Interaktion – Teil 110: Interaktionsprinzipien (ISO 9241-110:2020); Deutsche Fassung EN ISO 9241-110:2020.

Engeln, W. (2019). *Produktentwicklung. Herausforderungen, Organisation, Prozesse, Methoden und Projekte* (1. Aufl.). Vulkan Verlag.

Eppinger, S. D. (2006). Managing complex product development projects. Sloan school of management; Massachusetts Institute of Technology (The SLoan School Executive Series on Management & Technology).

Etzrodt, C. (2003). *Sozialwissenschaftliche Handlungstheorien. Eine Einführung.* UTB.

Fish, J. C. L. (1950). *The engineering method.* Stanford University Press (vi).

Fleck, L., Schäfer, L., & Schnelle, T. (Hrsg.). (2017). *Entstehung und Entwicklung einer wissenschaftlichen Tatsache. Einführung in die Lehre vom Denkstil und Denkkollektiv: Bd. 312. Suhrkamp-Taschenbuch Wissenschaft* (12. Aufl.). Suhrkamp.

Fotler, D., Germann, R., Gröbe-Boxdorfer, B., Engeln, W., & Matthiesen, S. (2021). *Leitfaden zur Anwendung empirischer Forschungsmethoden in der nutzerzentrierten Produktentwicklung: Forschung mit und an Menschen in den Ingenieurwissenschaften.* Karlsruhe Institut für Technologie (KIT). https://doi.org/10.5445/IR/1000132655

W. Engeln, *Modellbasierte Produktentwicklung*, essentials,
https://doi.org/10.1007/978-3-658-38535-4

Häusel, H.-G., & Henzler, H. (2018). *Buyer Personas. Wie man seine Zielgruppen erkennt und begeistert* (1. Aufl.). Haufe Gruppe. https://www.haufe.de/.

Heymann, M. (2005). *„Kunst" und Wissenschaft in der Technik des 20. Jahrhunderts. Zur Geschichte der Konstruktionswissenschaft.* Chronos.

Hippel, E. von (1988). *Sources of innovation.* Oxford University Press.

Hippel, E., Thomke; S., & Sonnack, M. (1999). Creating Breakthroughs at 3M. https://hbr.org/1999/09/creating-breakthroughs-at-3m. Zugegriffen: 1. Aug. 2014, 17. Mai 2021.

Kahneman, D. (2012). *Schnelles Denken, langsames Denken.* Unter Mitarbeit von Thorsten Schmidt (Vierundzwanzigste Aufl.). Siedler.

Kant, I., & Schmidt, R. (1964). *Die drei Kritiken in ihrem Zusammenhang mit dem Gesamtwerk: Bd. 104. Króners Taschenausgabe.* Kröner.

Kool, W., McGuire, J. T., Rosen, Z. B., Botvinick, M. M. (2010). Decision making and the avoidance of cognitive demand. *Journal of experimental psychology. General, 139*(4), 665–682. doi: https://doi.org/10.1037/a0020198.

Kriz, J. (2011). Beobachtung von Ordnungsbildungen in der Psychologie: Sinnattraktoren in der Seriellen Reproduktion. In S. Moser (Hrsg.), *Konstruktivistisch forschen* (S. 43–66). VS Verlag.

Kuhn, T. S. (2020). *Die Struktur wissenschaftlicher Revolutionen. Zweite revidierte und um das Postskriptum von 1969 ergänzte Auflage: Bd. 25. Suhrkamp-Taschenbuch Wissenschaft* (26. Aufl.). Suhrkamp.

Kunzmann, P., & Burkard, F.-P. (2017). *Dtv-Atlas Philosophie. Unter Mitarbeit von Axel Weiß. Originalausgabe: Bd. 3229* (17. Aufl.). Dtv.

Majid, A., Roberts, S. G., Cilissen, L., Emmorey, K., Nicodemus, B., & O'Grady, Lucinda et al. (2018). Differential coding of perception in the world's languages. *Proceedings of the National Academy of Sciences of the United States of America, 115*(45), 11369–11376. doi: https://doi.org/10.1073/pnas.1720419115.

Maturana, H. R. (1998). *Biologie der Realität* (Erste). Suhrkamp.

McAfee, A., & Brynjolfsson, E. (2018). *Machine, Platform, Crowd. Wie wir das Beste aus unserer digitalen Zukunft machen* (1. Aufl.). Plassen.

Morgan, J. M., & Liker, J. K. (2006). *The Toyota product development system. Integrating people, process, and technology.* Productivity Press. http://www.loc.gov/catdir/enhancements/fy0801/2006004343-d.html.

Müller, J. (2012). *Arbeitsmethoden der Technikwissenschaften. Systematik, Heuristik, Kreativität. Softcover reprint of the hardcover.* Springer (Erstveröffentlichung 1990).

Newen, A., & Vetter, P. (2017). Why cognitive penetration of our perceptual experience is still the most plausible account. *Consciousness and Cognition, 47*, 26–37. https://doi.org/10.1016/j.concog.2016.09.005.

Polanyi, M. (1966). *The tacit dimension.* Doubleday.

Popper, K. R. (1984). *Objektive Erkenntnis. Ein evolutionärer Entwurf. Unter Mitarbeit von Ingeborg Fleischmann* (4. Aufl.), dt. Fassung d. 4., verb. u. erg. Aufl. nach e. Übers. von Hermann Vetter. Hoffmann und Campe.

Pörksen, B. (2018). *Die Gewissheit der Ungewissheit. Gespräche zum Konstruktivismus. Systemische Horizonte* (4. Aufl.). Carl-Auer.

Quante, M. (2020). *Philosophische Handlungstheorie: Bd. 5242. Basiswissen Philosophie.* Fink.

Redtenbacher, F. (1852). *Prinzipien der Mechanik und des Maschinenbaues*. Bassermann. http://digbib.ubka.uni-karlsruhe.de/volltexte/digital/1/191.pdf.

Stachowiak, H. (1973). *Allgemeine Modelltheorie*. Springer.

Tacke, G. (2014). 72 Prozent der Produkteinführungen floppen – weil die Unternehmen selbst schuld sind. https://blog.wiwo.de/management/2014/09/12/80-prozent-der-produkteinfuhrungen-floppen-weil-die-unternehmen-selbst-schuld-sind-gastbeitrag-von-georg-tacke/. Zugegriffen: 7. März 2022.

Wikipedia. (Hrsg.). (2021). Sinn (Wahrnehmung). https://de.wikipedia.org/w/index.php?title=Sinn_(Wahrnehmung)&oldid=209327110. Zugegriffen: 1. März 2021, 7. März 2022.

Zahavi, D. (2010). *Phänomenologie für Einsteiger: Bd. 2935. UTB Philosophie* (1. Aufl.). Fink. http://www.utb-studi-e-book.de/9783838529356.

Stichwortverzeichnis

W. Engeln, *Modellbasierte Produktentwicklung*, essentials,
https://doi.org/10.1007/978-3-658-38535-4

Printed in the United States
by Baker & Taylor Publisher Services